花木旺人生

李德雄 ◎ 著

广东旅游出版社

中国·广州

图书在版编目（CIP）数据

花木旺人生 / 李德雄著. — 广州：广东旅游出版社，2010.8
（2025.8重印）
 ISBN 978-7-80766-246-4

Ⅰ. ①花… Ⅱ. ①李… Ⅲ. ①花卉 — 文化 Ⅳ. ①S68

中国版本图书馆CIP数据核字(2010)第150993号

出 版 人：刘志松
项目统筹：蔡　璇
责任编辑：贾小娇　陈俊彤
封面设计：彭明军
责任校对：李瑞苑
责任技编：冼志良

花木旺人生
HUAMU WANG RENSHENG

广东旅游出版社出版发行

（广东省广州市荔湾区沙面北街71号首、二层）
邮编：510130
电话：020-87347732（总编室）　　020-87348887（销售热线）
投稿邮箱：20265427@qq.com
印刷：三河市天润建兴印务有限公司
　　　（三河市沟阳镇中门庄村）
开本：710毫米×1000毫米　1/16
字数：120千字
印张：12.25
版次：2010年8月第1版
印次：2025年8月第3次印刷
定价：58.00元

【版权所有　侵权必究】
本书如有错页倒装等质量问题，请直接与印刷厂联系换书。

序 .... 吴艾莲
代序 .... 唐明邦
自序 .... 李德雄

上篇　花木旺人生 1

第一章　花木文化 2
第一节　花木与人生 2
第二节　世界各国国花 2
第三节　花语寓意 5
第四节　送花须知 6
第五节　送花禁忌 8

第二章　花木养生 10
第一节　观画治病 10
　一、观画为什么能治病 10
　二、不观也能治病——植物场的神奇功能 11
　三、不同植物气场的神奇治病功效 11

第二节　盆景养生 13
　一、属木盆景 14
　二、属水盆景 14
　三、属土盆景 14
　四、属金盆景 15
　五、属火盆景 15

第三节　花木四季养生场的建造 16
　一、春天如何养生 16
　二、夏天如何养生 18
　三、秋天如何养生 20
　四、冬天如何养生 22

目录

第四节 植物开花结果的四季规律·········23
一、植物开花的时间规律··················23
二、植物结果的时间规律··················25
三、各种水果适宜的食用季节··············26

第五节 一天里的四季养生场的建造·······27
一、早上如春··························27
二、中午如夏··························29
三、傍晚如秋··························30
四、夜晚如冬··························31

第六节 矫正性格的生物场的建造·········32

第七节 孔子的养生之道与木子兵法的生物场建造····33
一、陶冶情操，修身养性··················33
二、心存仁善，慈悲为怀··················34
三、兴趣广泛，爱好多样··················34
四、乐观开朗，豁达大度··················35
五、起居有度，遵循规律··················36

第八节 木子兵法之《黄帝内经》花木养生秘笈·····37
一、养生的一大秘诀是不要发怒············38
二、木子兵法之四季养生秘笈··············38
三、人体的阴阳是相对平衡的··············39
四、关节乃邪气客居之所··················39
五、人体的阳气主护卫于外，阴气主营养于内·····40

第三章　鲜花吉选宅运昌···············41

第一节 花木才是真正的药···············41
第二节 春节旺宅的花木·················42
一、属金花木··························42
二、属火花木··························43
三、属金火花木························44
四、属水花木··························44
五、属木花木··························46
六、属土花木··························47
七、五行俱全花木······················47
八、其他属性花木······················49

目录

第四章　花木与星座运程·················51

第一节　十二星座概述··················51
第二节　如何查找自己的星座············52
第三节　木子兵法论十二星座花木布场····53
一、白羊座（五行属木）3月21日~4月20日·····53
二、金牛座（五行属土）4月21日~5月20日·····53
三、双子座（五行属火）5月21日~6月20日·····54
四、巨蟹座（五行属火）6月21日~7月20日·····54
五、狮子座（五行属土）7月21日~8月20日·····55
六、处女座（五行属金）8月21日~9月20日·····55
七、天秤座（五行属金）9月21日~10月20日····56
八、天蝎座（五行属土）10月21日~11月20日···56
九、射手座（人马座，五行属水）11月21日~12月20日·····57
十、摩羯座（山羊座，五行属水）12月21日~1月20日······57
十一、水瓶座（五行属土）1月21日~2月20日···58
十二、双鱼座（五行属木）2月21日~3月20日···58

下篇　花木造风水··················61

第一章　花木新知··················62

第一节　花木是有感知的··············62
一、受伤时会"说话"···················62
二、触觉··························63
三、视觉··························63
四、植物中有"战争"···················63

第二节　花木讲"信用"················64

第二章　木子兵法之灯饰风水·········67

第一节　灯饰的风水··················67
第二节　灯饰的风水科学··············67
一、五行属性不同的人对灯饰的要求有别·····67
二、灯饰配置关系家宅的吉凶············68
三、家居的灯饰类别···················68

目录

　　　　四、灯饰深藏易学哲理·················69
　　　　五、灯饰的家居风水布置················69
　　　　六、家居各功能区的灯饰风水···············70

　第三节　办公室、居室植物与灯饰风水············72
　　　　一、木子兵法旺风水··················72
　　　　二、各色花木的配置比例················74
　　　　三、木子兵法优化办公室风水··············74

　第四节　植物配灯饰可改变风水运势············78
　第五节　不同五行的人配相应的灯饰花木··········80
　　　　一、金形相貌的人···················80
　　　　二、木形相貌的人···················81
　　　　三、水形相貌的人···················82
　　　　四、火形相貌的人···················83
　　　　五、土形相貌的人···················84

第三章　运动与花木风水················86

　第一节　运动建场讲究风水科学··············86
　第二节　木子兵法旺运动场···············87
　　　　一、运动场现状····················87
　　　　二、对策·······················88
　　　　三、布阵原则·····················88

　第三节　木子兵法旺运动场之布阵实例··········90
　　　　一、适合选用的植物··················90
　　　　二、具体的布阵方法··················90

第四章　商场酒楼的花木风水············91

　第一节　商场酒楼的装潢················91
　　　　一、店铺招牌·····················91
　　　　二、财位·······················91
　　　　三、炉灶的放置····················91
　　　　四、忌开不吉之门···················92
　　　　五、鱼缸的放置····················92
　　　　六、卫生间······················92
　　　　七、神位·······················93
　　　　八、屏风设置·····················93

第二节　适宜于商场酒楼的园林风水——黄色园林 · · · · 93
第三节　如何选择旺财的商场酒楼 · · · · · · · · · · · · · · · 94
　　一、坐北向南 · 94
　　二、坐南向北 · 94
　　三、坐东向西 · 94
　　四、坐西向东 · 95
　　五、木子兵法之旺财调风水之法 · · · · · · · · · · · · · · 95
第四节　花木可以改变商场风水 · · · · · · · · · · · · · · · · 95
　　一、植物能量的作用 · 95
　　二、有关树木的吉凶传说 · · · · · · · · · · · · · · · · · · · 97

第五章　木子兵法与汽车 · · · · · · · · · · · · · · · · · 99

第一节　汽车风水的科学依据 · · · · · · · · · · · · · · · · · · 99
　　一、空气的湿度对人体健康的影响 · · · · · · · · · · · · 99
　　二、空气的温度对人体健康的影响 · · · · · · · · · · · · 99
　　三、汽车内的空气污染 · 100
　　四、汽车花木风水兵法 · 101
第二节　有趣的汽车车牌 · 102
第三节　破除数字迷信 · 103
第四节　汽车购买和使用的易理知识 · · · · · · · · · · · 104
　　一、汽车颜色的五行 · 104
　　二、车内忌摆放的装饰物 · · · · · · · · · · · · · · · · · · 105
　　三、生肖与交通意外 · 105
　　四、如何趋吉避凶 · 106

第六章　木子兵法旺婚姻 · · · · · · · · · · · · · · · · · 107

第一节　木子兵法与婚姻家宅风水的紧密联系 · · · · · 107
第二节　营建和谐稳定的婚姻环境 · · · · · · · · · · · · · 109
　　一、木子兵法植物调布乾坤位 · · · · · · · · · · · · · · 109
　　二、木子兵法植物调布桃花位 · · · · · · · · · · · · · · 110
　　三、木子兵法植物调布坎水位 · · · · · · · · · · · · · · 111
　　四、木子兵法植物调布家宅卧室位 · · · · · · · · · · · 111

目录

第七章　文昌风水与木子兵法 ··········· 113

第一节　论文昌 ················· 113
一、什么是"文昌位" ············· 113
二、如何找文昌位 ··············· 114

第二节　木子兵法旺文昌 ············· 114

第八章　电脑风水与木子兵法 ··········· 119

第一节　电脑风水 ················ 119
第二节　木子兵法之电脑五行调场 ······· 120
一、木子兵法之电脑五行属金 ········ 120
二、木子兵法之电脑五行属木 ········ 121
三、木子兵法之电脑五行属水 ········ 121
四、木子兵法之电脑五行属火 ········ 122
五、木子兵法之电脑五行属土 ········ 122

第三节　木子兵法之一般电脑的使用 ······ 123
一、儿童 ···················· 123
二、孕妇 ···················· 123
三、学生 ···················· 124

第四节　查勘电脑带来的居室风水优与劣 ··· 125

第九章　宝石旺风水 ················ 126

第一节　赏石养心 ················ 126
第二节　石法五行 ················ 127
一、富贵昌盛（木） ············· 127
二、玉中涵财（水） ············· 128
三、满地乾坤（土） ············· 128
四、旺象开来（火） ············· 129
五、天然太极（金） ············· 129

第十章　木子兵法对购建楼房常见的风水调场 ··· 130

第十一章 木子兵法花木布阵之水培花木"新兵" ···132

第一节 水培花卉旺居室风水 ················132
  一、水培龙血树（属火）···················132
  二、水培苏铁（属水）·····················132
  三、水培仙人球（五行俱全）···············133
  四、香兜（属金）·························133
  五、含笑（属土）·························133

第二节 水培花卉室内化煞调场 ···············134
  一、龙骨·································134
  二、玛丽安·······························134
  三、绿巨人·······························134
  四、玉麒麟·······························134
  五、小天使·······························134

第十二章 木子兵法之家居花木布阵 ··········135

第一节 木子兵法新用玄空风水调场化煞 ·······135
  一、传统的风水玄空新法——植物改场旺宅旺人·135
  二、木子兵法对玄空风水新法的调场应用·····135

第二节 玄空风水新法之八运各宅的调运 ·······137

第十三章 木子兵法造新风水 ···············161
  一、三脚金蟾·····························161
  二、金龙·································162
  三、貔貅·································162
  四、水晶·································163
  五、安忍水·······························163
  六、风水轮·······························164

附一 百年出生年干与空间优选速查表 ········165
附二 作者曾主持和参与的部分园林项目 ······171
附三 作者顾问公司河南名品彩叶苗木股份有限公司简介·173
后记 ···································174
参考文献 ·······························175

序

很高兴李德雄研究员的新作《花木旺人生》终于与读者见面了！

早在《植物密码》刚出版的时期，序者就认为"木子兵法"①是建立在当代自然科学基础上的、具有战略性的、以传统文化为创新源泉的、真正的自主创新——这正是我们的课题所推崇的创新。

作者以易学思想基本原理之魂为战略指导，以太极和谐、阴阳互补、五行生克、时空一统为战术方针，以花木为绝对服从他指挥的"官兵"，以园林建筑和室内布局为对象，创造吉祥地，营造生态园。因此，序者认为应该称作者为木子兵法的统帅和将军，而不是高工、研究员、教授或其他，这才符合将军率领士兵的事实。

一、木子兵法体现了宇宙阖演化的时代特征

宇宙、意识、物质、人的演化已经逾越了"转捩点"，由辟演化转入阖演化过程。遗憾的是生活在当代阖演化背景中的今人，几乎全都漠视了自己是置身于由辟转向阖的时代大转变中这个事实。序者在30年前就将"转捩点"之前与其后辟阖演化过程的规律特征列成表格，对比了15条，以提醒世人。序者并没有与本书作者交流过表格的内容，作者却所见略同地在木子兵法中贯彻了从辟演化到阖演化中的从显秩序到隐秩序、从微分到积分、从外拓离散到回归统一，以及从二值逻辑到三值逻辑的时代精神特征。

二、木子兵法创建生态新领域的战略性决定，也为其他风水研究人士指出光明大道

正如作者所说，人杰地灵的风水宝地都被几千年来历代风水大师和他们的徒子徒孙选光了。面对无地可选的现实，作者提出创建生态新领域的战略性大规模举措。这一战略性决定，不仅使作者将拥有取之不尽、用之不竭的风水宝地，同时也为其他风水研究人士指出一条光明大道。真是功莫大矣！

---

① 木子兵法——为作者历经五十多年应用《易经》于园林规划设计实践、人居风水环境的战略大法，又名"李氏绿色兵法"或"木子兵法"和"植物风水"。

三、木子兵法是具有自己范式的园林建筑科技自主创新

作者经过40年的实践和科学研究，使用能够互通的观念术语，运用类似的思想构架，采取相同的方式方法，表现出了有共同价值倾向的范式。从《植物密码》到《植物风水》，到《人居花木风水》，再到本书《花木旺人生》都属于这同一特有范式，其结构也都具有系统性、整体性、层次性、有序性的特点。所以说，木子兵法的确是有自己自成一格范式的科技自主创新。

四、木子兵法是人杰地灵古老风水范式与绿色生态现代环保范式之间的桥梁

古老风水范式与现代环保范式本质性的区别，在于前者自觉地以易学为魂，而后者或者是由于不懂易学而批评前者为"唯心主义"，或者是为了保护自己不被扣上"唯心主义"的帽子而指责前者为"唯心主义"。序者曾经指出：没有不被信息载体物质所包封的信息源意识；也没有不被信息源所寓于的信息载体物质。在我们生活于其中的形而下世界，一切都是物质，因为一切都附着于"信息载体"，若不附着于"信息载体"，就不可能存在于形而下世界。作者突破了这一问题，在客观上起到两者之间桥梁的作用。这一桥梁作用无论是对传承传统文化的风水研究人士还是对科班出身的生态环保专业的学生都是必不可少的。

五、木子兵法之所以成为瑰宝，关键在于作者是科班出身的植物学家

序者30年前在国外建立"传统文化促科技创新研究院"时，就已深知自然科学创新的源泉在于传统文化，也深感没有扎实的自然科学根基，传统文化的底子再深，也创造不出新的科技。反之，没有渊博的传统文化知识，即便是自然科学某一专业领域的首席专家，同样也做不到真正的科技自主创新。科学界所有成员所受的都是"近代还原论科学体系"的教育，而"当代整体论科学体系"却是源自传统文化。序者也早就将还原论和整体论科学体系的对应特点列成表格，对比了15条。序者也并没有与本书作

者交流过表格的内容，作者却所见略同地在木子兵法中贯彻了从"还原论"进展到"整体论"中的种种理念：考虑整体系统，思想顿悟感而遂通，人法地法天法道法自然的总概念，信息是物质和能量以外的第三种存在，时空是n维多层次复合的形式，生态和谐一元宇宙，全息可持续发展等整体论精神。若只有哲学、造园学和堪舆学的知识，而没有深厚的植物学和生态学的根基，是无法具体贯彻上述精神的。

六、木子兵法自始至终贯彻了天人合一、全息信息场的思想

《花木旺人生》以植物为兵，布阵造场，以达到构建人与环境和谐的天人合一全息信息场为目标。作者说："许多植物带给人们种种信息。"其实，不仅植物有，矿物也有信息和意识。序者曾经指出："意识在矿物中酣睡，意识在植物中甜梦，意识在动物中苏醒，意识在人中怀才不遇，只有在有特异功能的人中意识才会才华横溢。"序者也作过实验，证明花木可以与人互通信息。序者曾发出信息，使自己园中的紫玉兰花在一年之中多开了几次花，每次开花的朵数和序者所传递信息要求的朵数一样。北京大学本课题组副组长兼秘书吴凯地教授也做过实验证明矿物翡翠可以接受人的指令信息，并且执行无误。所以说宝石旺风水是非常有道理的。

七、木子兵法达到如此高度的另一原因是作者意识力的作用

序者认为当前人类所处的阆演化过程的重要特征之一，就是意识力的作用越来越大。整体论科学体系也非常强调"冥想顿悟、浑然一统、内观直感、感而遂通"。序者长期呼吁"意识力的应用应该提到议事日程上来了"，而作者在这方面是个先行者。

八、木子兵法有很强的可操作性

得悉李德雄《木经》系列丛书的众多读者中，有的经营地产，有的从事花木生意，有的搞景观设计，有的搞度假山庄和别墅，有的研究健康养生，有的从事防治犯罪研究，在读过这几本

书后，他们都提出合作的建议。最近汉南鄢陵最大的花木生产基地多次派人来商谈用木子兵法开发花木产业的战略问题，河南安阳姜里文化城规划，芸山呈坎八封旅游村开发等，都是因为其负责人对木子兵法发生了浓厚的兴趣，认为其中潜在着巨大的商机，所以要求进一步合作。由此可见，此书确实有很强的可操作性，在海内外有广阔的发展前景。

凡读了《花木旺人生》一书的读者，全都可以立刻学会如何初步改善自己家居或办公室的风水，所以说此书不可不读也。

最后，需要说明一下，由于作序者一共有两个，再加上专家评析，已经面面俱到地评述了《花木旺人生》。为了避免重复，序者只好选择用这样的方式写序。好在其他要说的话，"传统文化促科技创新基金"的领导人之一唐明邦教授全都说了，不必序者另行赘述。

吴艾莲

2009年8月8日

注：吴艾莲，北京大学中国国情研究中心"创新高科技产业化在中国"课题组组长。

代序

木子兵法是中国园林建筑风水文化的一枝奇葩

营造山清水秀、阳光充足、阴阳调和、藏风聚气的生态环境，改善人们的居住、工作及游乐场地，以利于人们健康、愉快地生活与工作，是千百年来人类所共同追求的理想。

为营造合理舒适的生活工作环境，人类祖先已创造了丰富的成功经验，并总结出中国特有的科学思想，形成了源远流长具有中国特色的园林风水文化。园林风水文化的基本宗旨，就是要求人们顺应自然，贯彻天人和谐之道，适度调整和改造自然，以保证人与自然和谐相处。

兵法是研究战略战术的。木子兵法作战的对象，是不利于人类生存的恶劣生态环境，所调遣的"兵卒"是不同的植物种群，"作战的任务"是以木为兵，消除不利因素，营建和谐健康的生存生态环境和居室环境。

善于掌握植物风水木子兵法的人，对他所指挥的"兵"，即不同品种的树木花草，包括苔藓地衣等地被植物，都要有深入的研究。亦要充分了解不同植物的个性，然后才能发挥人的主体能动作用，巧妙配合，合理布置。因此，要掌握植物风水木子兵法的思想体系及操作规程，必须具有三大方面的知识与技能。

首先，要深入研究各种植物的一般特性和个体特性。形态万千、生机盎然、五彩缤纷的树木花草，品种不一、颜色各异、花香不同、气味有别、高低错落，形成一个千变万化的动态生物世界。植物形态随季节改变，花果颜色随气候而变化，叶片对粉尘的吸附作用不同，花果香气浓淡不一，光合作用中对氧气的释放深度有异。总之，不同植物种群所构建的生物场是大不相同的，这是首先要了解和掌握的一般知识原理。

再者，深入掌握植物种群之间因时变化的动态关系，才能决定它们在居室周围与园林中能否共同生存。物以类聚，人以群分，不是任何植物都能和平共处。祖国传统医学，根据药物性味特点，在药物配伍方面总结出相互关系，提出药有"七情"之说。这一思想对于居室和园林植物配备布置不无借鉴意义。医家认为：相须者，同类药物彼此不可分离；相恶者，彼药可夺此药之功能；相杀者，彼药可制此药之毒性；相反者，此药同彼药不可同用，等等。植物类药物的关系如此，不同植物群体其关系如何，亦当作深入研究，这是十分自然的道理。植物风水木子兵法的创始者有鉴于此，进行了长期观察研究，不止掌握了其一般原理，并身体力行作出种种创造性探索，力求在居室内外或园林之中合理布置不同的植物种群，以满足营建不同环境的实际需要，并取得了良好效果。因此，精通植物风水木子兵法，做到得心应手、巧夺天工，正是要深入认识不同植物之间的相须、相恶、相杀、相反等关系，善于因势利导、合理排布，以趋利避害，营求最佳效果。当然，这类知识和技能，不是一般人所能具备的。

最后，熟练地运用中国传统哲学思想，特别是《周易》思想的基本原理，善于因时因地制宜，根据太极思维方法，严格遵循太极和谐理论、阴阳互补法则和五行生克原理等，作全盘考虑和整体布局。为"协理阴阳"的需要，考虑时间空间差异，山地、平原、河网、道路、山形地势等千万的阴阳变化，对植物生态变化的影响，务使在居室周围和园林环境中种种植物种群联合得宜，布置得当，错落有致，相得益彰，为人类的身心健康带来最佳效果。

植物风水木子兵法是中国园林建筑风水文化的一枝奇葩，它总结汲取了数千年来中国建筑风水文化的优良成果，并加以创造性发展。作者别出心裁，巧妙地运用现代植物学知识，力

图反映新世纪的时代特征，从对植物的排兵布阵上下功夫，着眼于营造特殊生物场，以满足人们身心健康的需求为终极目标。此书内容别致，理论新颖，以实例讲述，生动而具体，颇有说服力。

兵法不可违。虚心对待，获利百倍；若违天意，定遭天谴。《植物风水》、《人居花木风水》和《花木旺人生》，图文并茂，文理畅通，读之引人入胜。作者征序于愚，促使我对一些问题的思考。粗略复友，以就正于方家。

唐明邦

2006年9月22日于云鹤书房

注：唐明邦，当代资深著名易学大家、武汉大学哲学教授。

自序

植物调运五十载，兵法奇花岭南开；
诗情禅意描锦绣，以易为尺学剪裁。

  建筑师用水泥钢筋建造的现代化楼宇，不管外观如何豪华、装饰多么漂亮，都欠缺生命力。为化解家居之用的狮子、麒麟、貔貅、龙、龟、八卦镜等多种化煞饰物，经过大师开光十分流行。但我认为用有生命的植物代替吉祥物来调运，更有特色，会有更完美的效果。

  其实，早有学者朋友认为我用有生命的植物代替传统的吉祥物，既可以造福于桑梓，也不负这几十年来我对趋吉避凶的植物场、生物场研究的心血，令广大老百姓得到实惠。

  《木经》系列丛书之四《花木旺人生》不是警世的惊雷，而是一朵含苞欲放的"处女花"。

  十月怀胎，一朝分娩。

  经过数年紧张写作，破译植物密码，为民所用，这朵"处女花"终于诞生。

  常言道："一本通书看到老。"不管他人如何评论这句话，其实，它的妙处恰恰在于"老"，"老"得好、"老"得有实践经验、"老"得与现代科学有异曲同工之妙。更何况，它也并未老化，它每年都在遵循易经的大智慧去革新，都在与时俱进！

  《花木旺人生》，顾名思义就是以植物为兵，造场布阵，力求达到人与环境和谐相处的指南。它与以往那些工具书的不同之处在于，过去的通书只讲人与时空的吉凶关系，《花木旺人生》则侧重于人与环境的和谐，以及为达到这一目标而进行的适度人为调整，这是《花木旺人生》最为显著的特色。

  花木植物，对于城市公共绿地、花园小区、办公环境、住宅居室等场所，不仅有绿化、美化、净化环境的功能，更重要的是，通过书中所介绍的合理的植物布阵，能形成良好的气场、生

物场，营造良好的人居环境，使人与环境共处共荣、和谐发展。针对不同的人，处于不同的生活空间，以及在不同的场所优化选用适合的植物，书中亦有详尽介绍。

朋友们，欲知你的出生年份之吉凶，适合种植什么花草树木，看过本书便可知晓。本书主要介绍了星座、生肖、血型、相貌、风水与人生休养，盆景养生，用植物养情，矫正性格，用植物治病等问题。此外，本书还论及灯饰风水、汽车风水、宠物风水、买楼指南、宝石旺风水、婚姻风水、文昌风水、电脑风水及用生物场代替传统的吉祥物营造新风水等人们生活中很有趣味的问题。笔者一改传统方法，以一种全新的角度去谈论风水科学。

事物都有两重性。忠言逆耳，良药苦口。花香未必美，花艳未必香。

只要你细心观察，便会有意外的发现与收获。

笔者从事园林工作五十余年，从中悟出许多植物带给人们的种种信息。这有如《周易》中的六十四卦，虽然简单，但推演出万事万物，推断出吉凶祸福，这些，普通人都是难以理解和掌握的。在笔者已经出版的作品《植物密码——李氏木子兵法》《植物风水》《人居花木风水》，以及即将出版的《花木旺人生》《园林堪舆学》《木经》等《木经》系列丛书里，都有详细说明。

《花木旺人生》以后将以不断创新的内容与读者见面，可以让那些对植物知识知之甚少的读者一看便能了解、掌握并运用，以达到更好的环境造场、天人合一的效果。

城市在膨胀、在扩张，高楼在增高、在成长；日见烟尘滚滚，夜看电光闪烁；无形的电波、微波在滋扰，还有昼夜不绝于耳的喧嚣；工作的压力、生活的困扰……

何处寻得一片净土，何处寻得安静之所？

别墅？那些远离市区的别墅，又有多少人能买得起、住得起？

追求远大的目标，不如把握住现在。请你看一看《花木旺人生》，将自己的家居绿化、美化、净化，让荷花出污泥，让朽木发出新芽。从现在开始美化居所，只要你每天浇一点水、施一点肥，花、草、树木就会倾尽全力回报于你，为你带来无尽欢欣。

有些人或许会以"迷信""风水"之辞对待，甚至嗤之以鼻，这些丝毫都不会影响到我对植物风水的研究热情。

你听说过荷兰的奶牛场给奶牛放音乐吗？你是否觉得这是在对牛弹琴非常荒谬？可实际的结论是，奶牛听了音乐之后心情愉快，产奶量自然而然就增加了。

另外，科学家经过研究发现，原来植物也会听音乐，人们对农作物播放音乐，就可以促进农作物的增产……

动物、植物对事物的反应尚且如此，更何况人呢！

热爱自然、拥有自然、回归自然，这是当今倡导的主题，花园式楼盘小区、花园式城市、联合国的人居标准，都以美化、绿化为主题、为标准。

由此，奉劝各位在享受物质生活的富足、精神生活的满足之后，再享受自然界所带来的恬静、优雅，方称得上是神仙般的生活享受！

《植物密码——李氏木子兵法》《植物风水》《人居花木风水》《花木旺人生》《园林堪舆学》《李教授风水调查手记》《木经》等《木经》系列丛书的问世和陆续出版，只是一株株小嫩新芽，但是，它们也可算是中华历史文化长河之中一个又一个闪光点。希望在广大读者及同仁的帮助下，它们能够成长为具有完整性、创新性、实用性的知识奇葩。

吾将翘首以待！仅此诗与读者共勉：

兵法精粹识五行，易学哲理阴阳分；
只图景观表面美，有害造园罪盈盈。

植物气场人相通，生命之源建奇功；
若无植物养人类，建筑风水都是空。

李德雄

戊子年（2008）金秋初稿
己丑年（2009）仲夏定稿
丙申年（2016）重修
于广州《慧堂》

上篇

花木旺人生

第一章　花木文化

第一节　花木与人生

不同国家、民族，生活习惯不同，对花木的认识和态度也不同。如欧洲人喜欢紫色花，中国人则喜欢红色，认为红色热情，象征大吉。中国人尊崇菊花，称它为谦谦君子，而英国人就讨厌菊花，认为它是报丧的花。中国人、印度人认为莲花出污泥而不染，是"圣洁之花"，而与中国一衣带水的日本，却认为它是下贱不齿之物。欧洲人庭园里都喜欢布置柏树，而在中国，只有在陵园墓地才常用它。同是鲜花，不同场合却有不同的用途。如母亲节送上康乃馨，父亲节奉上的是石竹花。送给情人的是玫瑰花，为新人送上的是象征百年好合的百合花。若到医院探望病人，绝不能送唐菖蒲、剑兰（剑兰有"挨割宰"之寓意），店铺开张切忌送茉莉花（因茉莉花的谐音为"没利"）。广东电白、茂名等地风俗，认为白花为生男，红花为生女。如果那家喜欢生女孩子，你送白花，人家就不欢迎，你送红花，人家就高兴。

可见，花木与人生关系密切，它与天地、日月和人类共存于宇宙间，它与人类同是灵界之生灵。

第二节　世界各国国花

世界各国有花魂，
代表民族总精神。
国花含涵国象征，
率领全民迈步行。

亚 洲

中国国花——牡丹、梅花（未定）
朝鲜国花——朝鲜杜鹃（金达莱）
韩国国花——木槿
日本国花——樱花、菊花
老挝国花——鸡蛋花
缅甸国花——龙船花
泰国国花——素馨、睡莲
马来西亚国花——扶桑
印度尼西亚国花——毛茉莉
新加坡国花——万带兰
菲律宾国花——毛茉莉
印度国花——荷花、菩提树
尼泊尔国花——杜鹃花
不丹国花——蓝花绿绒蒿
孟加拉国花——睡莲
斯里兰卡国花——睡莲
阿富汗国花——郁金香
巴基斯坦国花——素馨
伊朗国花——大马士革月季
伊拉克国花——月季（红）
阿拉伯联合酋长国国花——孔雀、百日草
也门国花——咖啡
叙利亚国花——月季
黎巴嫩国花——雪松
以色列国花——银莲花、油橄榄
土耳其国花——郁金香

欧 洲

挪威国花——欧石楠
瑞典国花——欧洲白蜡
芬兰国花——铃兰
丹麦国花——木春菊
俄罗斯国花——向日葵
波兰国花——三色堇
原捷克斯洛伐克国花——椴树
德国国花——矢车菊
原南斯拉夫国花——洋李、铃兰
匈牙利国花——天竺葵
罗马尼亚国花——狗蔷薇
保加利亚国花——玫瑰、突厥蔷薇
英国国花——狗蔷薇
爱尔兰国花——白车轴草
法国国花——鸢尾
荷兰国花——郁金香
比利时国花——虞美人、杜鹃花
卢森堡国花——月季
摩纳哥国花——石竹
西班牙国花——香石竹
葡萄牙国花——雁来红、薰衣草
瑞士国花——火绒草
奥地利国花——火绒草
意大利国花——雏菊、月季
圣马利诺国花——仙客来
马耳他国花——矢车菊
希腊国花——油橄榄

北美洲

加拿大国花——糖槭	尼加拉瓜国花——百合（姜黄色）
美国国花——月季	哥斯达黎加国花——卡特兰
墨西哥国花——大丽花、仙人掌	古巴国花——姜花、百合
危地马拉国花——爪哇木棉	牙买加国花——愈疮木
萨尔瓦多国花——丝兰	海地国花——刺葵
洪都拉斯国花——香石竹	多米尼加共和国国花——桃花心木

南美洲

哥伦比亚国花——卡特兰、咖啡	巴西国花——卡特兰
厄瓜多尔国花——白兰花	智利国花——野百合
秘鲁国花——金鸡纳树、向日葵	阿根廷国花——刺桐
玻利维亚国花——向日葵	乌拉圭国花——商陆、山楂

大洋洲

澳大利亚国花——金合欢、桉树	斐济国花——扶桑
新西兰国花——桫椤、四翅槐	

非　洲

埃及国花——睡莲	苏丹国花——扶桑
利比亚国花——石榴	坦桑尼亚国花——丁香、月季
突尼斯国花——素馨	加蓬国花——火焰树
阿尔及利亚国花——夹竹桃、鸢尾	赞比亚国花——叶子花
摩洛哥国花——月季、香石竹	马达加斯加国花——凤凰木、旅人蕉
塞内加尔国花——猴面包树	塞舌尔国花——凤尾兰
利比里亚国花——胡椒	津巴布韦国花——嘉兰
加纳国花——海枣	

说明：

中国原来的国花是牡丹和梅花，但我国国土辽阔，花的资源丰富，一下难以定出有代表性的花。所以，直至目前国花还没有定下，但牡丹的呼声比较多。笔者主张一国两花，双国花比较符合我国的国情。

第三节　花语寓意

花木无语却有名，
喜怒哀乐可传情。
深含文化与品位，
一花一卉寄心声。

在国际上，有许多花卉被公认有一种特定的象征和"花语"，也就是"花的语言"，列举如下。

粉红玫瑰——初恋、美丽动人
黄色玫瑰——道歉
红色玫瑰——热恋、我真心爱你、爱的誓言
白色玫瑰——高贵
康乃馨——温馨、母亲、花开富贵
白百合——完美、百年好合
火百合——喜气洋洋
黄百合——爱慕
百斛兰——父亲节之花、正直、勇敢
勿忘我——友谊长存、永远思念
芍药——依依惜别、难舍难分
蕙兰——雍容华贵、吉祥如意
荷花——纯洁崇高、恩爱关怀
月季——兴旺、前程似锦

天堂鸟——自由、吉祥
吉祥草——幸福、吉祥
风信子——恒心、忠实
薰衣草——等待爱情
水仙——素雅、恬静
兰花——品质高洁
爱丽丝——浪漫
跳舞兰——活泼动人
满天星——关怀
红掌——长久、天长地久
堇花——忠实、高尚的情趣
梅花——贞洁、忠实、清静的心
桃花——发达、宏图大展
太阳菊——光明、欣欣向荣

第四节　送花须知

送花礼仪勿乱送，各国各地有异同。
红色玫瑰传情意，丁香相思示苦痛。

已婚妇人送石竹，表示对其很尊重。
白色玫瑰送长者，远行惜别赠花红。

英国以菊为丧花，日本忌莲为不雅。
欧州最忌十三数，中国丧用蓝白花。

巴西绛红参葬礼，法国黄色为不忠。
瑞士友妻忌送红，误会引诱相奸通。

法国勿送郁金香，示意绝交在当场。
俄国送花有讲究，送单为吉忌送双。

　　送花必须针对对象的喜好、个性和情境而异。因为每种花，甚至每一颜色的花都有其本身的花语和含义。细心的送花者，应先查一查专著。送花不一定要数量多，关键是要适合当时的环境。
　　送上一束鲜花不仅可以表达送花者的真情实意，而且以花作为语言可谓意味深长。
　　人们习惯于把玫瑰和紫罗兰看成是爱的使者。在俄罗斯，男人送给意中人的最高雅和最珍贵的花束是带有一枝红玫瑰的白玫瑰花束。给别的女人送花时则只能送一枝玫瑰花。如果男人的年龄比女人大很多，或者有很大喜庆事，则可以送多枝花组成的花束。
　　丁香花代表痛苦的单相思。生儿子要送红色的花，生女儿要送各种颜色的花。出远门或亲人离别时一般要送以红色为主的花。祝愿出行者一路平安时要送蓝色的矢车菊。勿忘我表示忠诚，石竹花和菊花代表对已婚妇女的尊重。在俄罗斯，如果为了表示纯粹个人的祝愿，花束当中要加上黄色的花。

花是不可以随便送的，因为每种花代表的意思不同，生活中我们需要了解几种常见的花所代表的含义。

一、玫瑰花

玫瑰基本上是表达"浓情厚意"，是众所周知的"情人之花"，所以向来是送花的热门之选。不过，不同颜色的玫瑰也有不同的含义。复色玫瑰（即一花两色的玫瑰，如红与白）代表矛盾；黄色玫瑰代表不贞洁和嫉妒；送白玫瑰表示只把对方当作长者般尊崇；深红色的玫瑰则代表羞怯和有所顾忌；淡紫色玫瑰属较为罕见的玫瑰颜色，拿来当礼物，可达到令人耳目一新的惊喜效果。

二、剑兰

形态特别，花茎长如剑，花耐开，本身呈漏斗形，每茎有花十几朵，作蝎尾状排列。剑兰之语为高雅、长寿、康宁。

三、百合花

百合花是从古至今都令人喜爱的世界名花，由于它的花朵相抱而生，被喻为"百年好合、百事合意"的吉兆，所以不少新娘喜欢手捧白色百合花进教堂。

四、康乃馨

康乃馨代表母爱的伟大和慈祥可亲，使人感到如沐春风。母亲节由美国开始，受到世界各国人民的接受。人们公认康乃馨为"母亲节之花"，在每年5月第2个星期日大出风头。

五、一品红

一品红代表圣诞节，又叫圣诞花。

六、腊梅

在我国南方，春节时人们喜欢在家中插上腊梅、松柏和天竹，以求平安、幸福。腊梅的花语是祝福吉祥，也有比喻高雅、自洁等高尚品质。

七、长春花

长春花表示忠实于自己的感情。

八、蜡菊花

蜡菊花象征着对爱情的忠贞不渝。

九、蔷薇花

蔷薇花表示不能抗拒充满整个身心的感情。

十、风信子

风信子花蕾的数目可以暗示约会的日子。

送花枝数寓意表

枝数	寓意	枝数	寓意
1 枝	你是唯一、一见钟情	20 枝	生生世世的爱
2 枝	心心相印、相亲相爱	22 枝	爱相随；你中有我，我中有你
3 枝	我爱你	24 枝	时时刻刻的思念
4 枝	海誓山盟	27 枝	爱妻
5 枝	无怨无悔	29 枝	爱到永久
6 枝	一帆风顺	30 枝	尽在不言中
7 枝	喜相逢	51 枝	我的心中只有你
8 枝	兴旺发达、吉祥如意	66 枝	爱无止境
9 枝	长相守、永相随	99 枝	天长地久；永沐爱河
10 枝	美满幸福、实心实意	100 枝	百年好合；白头偕老
11 枝	一心一意、心中最爱	101 枝	直到永远
12 枝	全部的爱、一年好运	110 枝	无尽的爱
16 枝	一帆风顺	365 枝	天天想你
18 枝	青春美丽、财源广进	999 枝	无尽的爱
19 枝	爱到永久	10000 枝	爱你一万年

第五节　送花禁忌

一、各种颜色玫瑰花的含义

在情人节的习俗中，玫瑰花和巧克力必不可少。玫瑰代表爱情众所周知，但不同颜色、朵数的玫瑰则另有吉意。

红玫瑰代表热情真爱，黄玫瑰代表珍重祝福和嫉妒失恋，紫玫瑰代表浪漫真情和珍贵独特，白玫瑰代表纯洁天真，黑玫瑰则代表温柔真心，橘红色玫瑰代表友情和青春美丽，蓝玫瑰则代表敦厚善良。

二、各国送花的禁忌

（一）数量禁忌

英语国家有用鲜花送礼的习惯，其中也有一些禁忌。首先，送花忌送双数，因为他们认为双数的花会招来厄运。也忌讳送白色的花，如白色百合花，在某些国家被看作是厄运的预兆或死亡的象征。除此之外，给医院的病人送花忌送白色或红白相间的花，以及忌数字13。

（二）品种和样式禁忌

在国外，给中年人送花不要送小朵，因为小朵的花意味着他们不成熟。不要给年轻人送大朵大朵的鲜花。

在法国，送花别捆扎。

在印度和欧洲国家，玫瑰和白色百合花，是送死者的虔诚悼念品。

日本人讨厌莲花，认为莲花是人死后的那个世界用的花。送菊花给日本人的话，只能送只有15片花瓣的品种。

在拉丁美洲，千万不能送菊花，因为当地人将菊花看作一种"妖花"，所以在那些地区，只有人死了才会送一束菊花。在意大利、西班牙、德国、法国、比利时等国，菊花则象征着悲哀和痛苦，也绝不能作为礼物相送。

在巴西，绛紫的花主要是用于葬礼，看望病人时，不要送那些有浓烈香气的花。

墨西哥人和法国人忌讳黄色的花，法国人把黄色的花当做是不忠诚的表示。

与德国人和瑞士人交往，对朋友妻子或普通异性朋友，不要送红玫瑰给她们，因为红玫瑰代表爱情，会使她们误会。

德国人视郁金香为"无情之花"，送此花给他们代表绝交。

在俄罗斯、原南斯拉夫等国家，若送鲜花的话，记住一定要送单数，因双数被视为不吉祥。

罗马尼亚人什么颜色的花都喜欢，但一般送花时送单不送双，过生日时则例外，如果参加亲朋的生日酒会，将两枝鲜花放在餐桌上，那是最受欢迎的。

第二章　花木养生

第一节　观画治病

自古以来，治病的方法很多。但是你可知道，观画也能治病？

据古书记载，隋炀帝因为贪恋酒色而病（类似现今的糖尿病），群医束手无策，后经民间名医莫君锡诊脉。莫君锡没开药方，而是送了两幅画给隋炀帝看，其中一幅是《京都无处不染雪》。此画气势不凡，只见朔风乍起，雪满乾坤，漫天皆白。隋炀帝久而观之，产生了心脾凉透、积热全消的效果。另一幅是《梅熟季节满园春》，只见画中的梅子黄里透红，活灵活现，十分叫人喜爱。隋炀帝看后馋涎欲滴、津液如涌，顿时胸中烦闷和口干舌燥的症状很快消失了。经过反复观赏两幅画，10天之后，隋炀帝的病不药而愈。

宋代大词人秦观一生中屡遭贬谪，辗转迁徙，由于长期过重的心理负担，诱发了各种疾病。后来，一位朋友带了王维的名画《辋川图》来探望他，说观此画可以疗疾。秦观大喜，让儿子从旁引之，观于枕上，一连数日，乐而忘忧，逐渐恢复了正常的心态，躯体症状也随之消失。

一、观画为什么能治病

中医典籍《黄帝内经》中，将五脏和精神活动联系起来，认为怒、喜、思、悲、恐归于肝、心、脾、肺、肾五脏。在病因学中，中医认为"七情"可以导致脏腑的气功杂乱，从而发生各种躯体疾病。《内经》认为各种情志活动之间存在着内在的联系，可以用"恐胜喜，悲胜怒，怒胜思，喜胜忧"的情态来调节，控制或消除致病的心理因素，从而达到治疗躯体疾病的目的。这就是观画能致病的原因。

二、不观也能治病——植物场的神奇功能

按《易经》大智慧的辩证唯物论观点，凡物者，看到了就承认它存在，但看不到时也可以存在。干死的植物体可治病——中药。活生生的植物也能治病，因为植物存在一个有生命的生物场（关于生物场的论述，见笔者《木经》系列丛书之一《植物密码》第一章：揭开科学风水之谜；第五章：植物的生物场），亿万年来它都存在着，并作用于周围的生物场，当地球出现人类后，这个植物生物场就时刻影响和作用于人类了。

植物有着特殊的功能，就是会产生电磁波，尽管这种电磁波是很微弱的，但当达到一定量时，植物群体就形成一个不可想象的强大能量场——植物电磁场，这个奇妙的生物场，白天存在于农民耕作的地上，晚上可移来我们的睡床边，为我们养生治病。

三、不同植物气场的神奇治病功效

（一）属木植物

1. 小麦

小麦苗气场增强免疫力。45岁后人体免疫功能逐渐减退，小麦苗电磁波作用于人体免疫器官，使机体免疫细胞活性增强，增强机体特异性免疫及非特异性免疫功能，提高人体抗病能力。

每周到小麦地活动3~5次，每次至少半小时。也可用花盆种上一些小麦苗，等麦苗长出8~10厘米便可发挥作用，午睡时放于床边。

2. 豌豆苗

豌豆气场延缓衰老。其发出的电磁波属于微波波段，穿透力强。当幼苗处于生长旺盛阶段时，发出的电磁波载有青春信息，这种信息会诱使人体细胞的代谢型从衰老型转变为青春型，使全身细胞的活动更加活跃，从而延缓人体衰老的进展。

将豌豆种子放入大花盆内，每隔2厘米左右种1棵，幼苗出土后4~10天即可发挥作用，每天在豌豆苗旁0.5米内活动或休息30分钟到1小时以上。

3. 蓖麻

蓖麻气场能减轻痛感。蓖麻俗称大麻子,所产生的电磁场可使体内脑啡肽水平升高。脑啡肽属于吗啡样物质,当其浓度升高时,可以产生镇痛作用。

当出现慢性头痛、三叉神经痛和坐骨神经痛时,可经常到蓖麻比较密集的地方活动,也可在家用花盆种植蓖麻,当蓖麻长至0.5米高时,每天将疼痛部位靠近蓖麻1小时,一周后可缓解症状。

4. 玉米

玉米气场改善贫血。玉米苗电磁场可促使新生的红细胞成熟化,红细胞膜韧性增加,增强运输氧和二氧化碳的能力,起到改善贫血症状的作用。

每周到玉米田地附近3~5次,每次至少30分钟。也可用3个较大的花盆种植10多棵玉米(每盆4~5棵),玉米苗长至15厘米以上便可发出较强的电磁场。可在午睡时将玉米苗放于床旁1米内,但附近2米内不要放置家电。

(二)属金植物

1. 白桦

白桦气场调血压。高血压发病的主因是交感神经兴奋性增高,儿茶酚胺类物质分泌增多,从而引起血压升高。白桦树电磁场对人体神经内分泌系统有调节作用,人体在树木电磁场的刺激下神经递质活性会增加,儿茶酚胺类物质分泌减少,激素分泌趋于正常,从而有助于血压恢复正常。

2. 银杏

银杏气场改善心肌供血。随着年龄增长,动脉壁增厚、变硬,可导致心肌供血不足。银杏树电磁场能使心血管系统规律地收缩和舒张,冠状动脉血流增加,从而使心肌缺血状态得到改善。每天早晚到公园银杏树下活动或休息1小时,银杏树越多电磁场越强,连续坚持2个月以上,能降低患心脏病的风险。

小贴士

亲近植物能治病

植物所发出的电磁波对人体产生某些影响，可以起到保健、防病、延长寿命的作用。俄籍华人医学博士堪政不久前做了600多例人体试验，在"场导舱"内种植了小麦、玉米等植物，受试者每天在这些植物旁躺下睡2小时。一个月后发现，这些植物发射的生物电磁波提高了人体免疫力和内分泌调节功能，使多数人的慢性疾病和衰老状况有了改善。有条件的中老年朋友不妨在家中种植一些适合自己的植物，对防病保健和延年益寿将大有帮助。

生命电磁场可提高细胞的再生、神经反应、内分泌等功能，特别是促使性腺功能显著提升，有助于防治动脉硬化、高脂血症、高血压、肝硬化等疾病。此外，植物电磁波还可激发潜在遗传基因，使其变成活性基因，发挥抗衰老的作用。由于植物电磁波较弱，周围2米内不得放置家用电器，以免受到干扰。与植物电磁场接触长期坚持才会有效，特别是睡觉时放在床边效果更好。每天至少2小时，坚持一个月以上就能看到效果。

（摘自《医药养生保健报》王璟 文）

第二节　盆景养生

　　画是死物，盆景是活物。既然观画都能治病，那么活生生的盆景就更能治病了。

　　盆景是立体的图画，盆景是无声的诗章，盆景是有生命的大自然缩影。盆景是用植物和石块构成，它们吸收了日月的精华，按木子兵法的原理，阴阳有别，会产生金木水火土五行的气场，会对人产生很微妙的疗身健体的作用，在此特作介绍。

一、属木盆景

（一）《竞发》（角叶榕）。精气益肝助胆识，宜东方。（如图2-1）

（二）《泰然擎天》（相思）。精气舒肝，宜东、东南。（如图2-2）

（三）《高山流水》（五针松）。精气明目养志旺文昌，宜东、东南方。（如图2-3）

二、属水盆景

《高山流水》（五针松）。精气明目养志旺文昌，宜东、东南。（如图2-4）

三、属土盆景

《浓墨书狂草》（金弹子）。精气健胃养脾，宜东北、西南或者饭厅。（如图2-5）

图2-1　作者：黄家乐

图2-2　作者：黄家乐

图2-3　作者：张志刚

图2-4　作者：张志刚

图2-5　作者：左世新

四、属金盆景

（一）《醉入梦乡》（九里香）。精气益肺利大肠、养颜安眠，宜西、西北。（如图2-6）

（二）《根深志远》（九里香）。精气益肺利大肠、养颜安眠、开发思维，宜西、西北。（如图2-7）

五、属火盆景

（一）《紫气东来》（勒杜鹃）。精气养心壮智慧利小肠（三焦），宜南、西南、东北。（如图2-8）

（二）《大山的儿子》（五角枫）。精气养心壮智慧利小肠（三焦），宜南、西南、东北。（如图2-9）

图2-6

图2-8　作者：黄家乐

图2-7　作者：黄家乐

图2-9　作者：李书贤

第三节　花木四季养生场的建造

一、春天如何养生

春日花木养生歌

春天万物生，百花竞纷缤。

养肝为主任，春花养荣新。

春天是阳长阴消的开始，所以应该养阳。春天主生发，万物生发，肝气内应，养生之道在于以养肝为主，原则是：生而勿杀，以使志生。养神志以欣欣向荣。逆之则伤肝，夏为寒变，奉长者少。意思是伤了肝气，就会降低适应夏天的能力。

所以《黄帝内经》提出："春三月要夜卧早起，披发缓行，广步于庭（到庭院中散步），以使志生（使志气生发）。"

木子兵法认为春天要护肝，为防止春天肝的病变宜用如下几种春季开花的植物。

素馨花。素馨花属土，木犀科。（如图2-10）

吊钟花。又称"宝莲灯"，属火，杜鹃花科。（如图2-11）

图2-10　素馨花（木犀科）

图2-11　吊钟花（杜鹃花科）

梅花。梅花属火,蔷薇科。(如图2-12)
腊梅。腊梅属土,蔷薇科。(如图2-13)
玉兰。玉兰属金,木兰科。(如图2-14)
洋紫荆。洋紫荆属火,豆科。(如图2-15)

图2-12 梅花(蔷薇科)

图2-14 玉兰(木兰科)

图2-13 腊梅(蔷薇科)

图2-15 洋紫荆(豆科)

(一)红色(属火)植物场的建造宜选用的植物

樱花、日本晚樱、桃、梅、山茶、蔷薇类、月季类、二乔玉兰、杏、海棠属(垂丝海棠、西府海棠、海棠花、苹果、山荆子等)、木瓜属(木瓜、贴梗海棠、木瓜海棠、日本贴梗海棠)、绣线菊类(金山绣线菊、金焰绣线菊等)、毒八角(此花慎用,只适宜治疗癌症的生物场中)、红茴香、牡丹、红继木、柑橘、柚子、虞美人、花毛茛、唐菖蒲、金鱼草、瓜叶菊、耧斗菜、三色堇、雏菊、芍药等。以上植物生物场的建造除了有利于肝的养护外还对心脏有补益作用,特别适合于血压低的人。

（二）黄色属土植物场的建造宜选用的植物

棣棠、迎春、云南黄馨、金钟花、连翘、结香、黄木香、含笑、黄玉兰、羊踯躅、黄色月季、牡丹、云实、花毛茛、四季报春、欧洲报春、黄菖蒲、黄堇类（如蛇果黄堇、少花黄堇等）、三色堇、芍药、紫茉莉等。以上植物生物场的建造除了有利于肝的养护外还对肠胃脾有补益作用。

（三）白色属金植物场的建造宜选用的植物

白木香、玉兰、深山含笑、阔瓣含笑、梅花、山茶、杜鹃、桃、李、杜梨、豆梨、沙梨、白梨、贴梗海棠、白檀、山矾、溲疏、荚蒾类、山梅花、野茉莉、秤锤树、牡丹、芍药、继木、海桐、白鹃梅、白丁香、香雪球、金鱼草、瓜叶菊、白玉棠（蔷薇之品种）、白色月季、绣线菊类（中华绣线菊、麻叶绣线菊、珍珠绣线菊、笑靥花等）、三色堇、雏菊等。以上植物生物场的建造除了有利于肝的养护外还对肺有补益作用。

（四）紫色属火植物场的建造宜选用的植物

紫玉兰、苦楝、金鱼草、瓜叶菊、杜鹃、鹿角杜鹃、云锦杜鹃、满山红、牡丹、芍药、瑞香、紫堇类、三色堇、紫茉莉、酢浆草、紫丁香、泡桐属（如白花泡桐、兰考泡桐、毛泡桐等）等。以上植物生物场的建造除了有利于肝的养护外还对心脏有补益作用。

（五）蓝色属水植物场的建造宜选用的植物

鸢尾、西伯利亚鸢尾、马蔺、金鱼草、瓜叶菊、三色堇等。以上植物生物场的建造除了有利于肝的养护外还对肾脏有补益作用。

二、夏天如何养生

夏日花木养生歌

夏日炎炎心火燎，阳气充足津液少；
热汗得泄最重要，心态放松乐逍遥。

夏天是阳长阴消的极期，夏天主长，万物茂盛，心气内应，养生应以养心为主。要使气得泄（当出汗就出汗），因为夏天属阳，阳主外，所以汗多。逆之则伤心，秋天就会得痰症（呼吸方面的病），那么就会降低适应秋天的能力，所谓奉收者少。

正如《黄帝内经》所说："夏三月要夜卧早起，无厌于日（不要怕阳光），使志无怒（心情要愉快），使气得泄（不要闭汗），若所爱在外（多到户外活动）。"

有利于夏季养生的夏季开花植物有以下几种。

栀子花。栀子花属金，茜草科植物。（如图2-16）

无花果。无花果属木，桑科植物。（如图2-17）

桔梗。桔梗属水，桔梗科植物。（如图2-18）

紫薇。紫薇属火，千屈菜科植物。（如图2-19）

图2-16 栀子花（茜草科）

图2-17 无花果（桑科）

图2-18 桔梗（桔梗科）

图2-19 紫薇（千屈菜科）

（一）白色属金植物场的建造宜选用的植物

栀子花、马蹄莲（也有黄色）、白兰花、百合、玉簪、昙花、万年青（是百合科，不是天南星科有毒的万年青）、茉莉、金银花（也有金黄色）等。

（二）绿色属木植物场的建造宜选用的植物

无花果等。

（三）蓝色属水植物场的建造宜选用的植物

牵牛花（也有红色属火、白色属金）、桔梗、荷花（也有白色红色）、大岩桐（也有红色、粉红色）、飞燕草（也有红色）、四季海棠（也有红色、白色）、美人蕉（也有红色、黄色）、令箭荷花等。

（四）红色属火植物场的建造宜选用的植物

紫薇、木槿（一般是红色，但又有白色属金、黄色属土等）、合欢、安石榴、紫茉莉、凤仙花（也有白色属金、紫色属火）、杜鹃（也有白色属金、黄色属土）、朱顶红、倒挂金钟、三色堇（也有白色、黑色）、月季（有黄色、白色、蓝色）、蔷薇（有黄色、白色）、蜀葵、半支莲、山丹、八仙花、扶桑（也有其他色）等。

（五）黄色属土植物场的建造宜选用的植物

米兰、金莲花、凌霄、萱草等。

另外，五色椒、仙人掌科植物，五行俱备。

三、秋天如何养生

秋日花木养生歌

秋日阴长阳渐消，益肺养阴为重要；
收阴敛神养精气，健身早卧宜早起。

秋天是阴长阳消的时候，所以要养阴为主。秋天主收，万物收敛，肺气内应，养生应以养肺为主。收敛神气，逆之则伤肺，冬为飧泄（完谷不化的腹泻），奉藏者少（降低了适应冬天的能力）。所以《黄帝内经》说："秋三月，要早卧早起，与鸡俱兴（与鸡一起作息），使志安宁，收敛神气。"

适合秋季养生的秋季开花植物有以下几种。

桂花。桂花属金,木犀科植物。(如图2-20)

木芙蓉。木芙蓉属金、火、水,锦葵科植物。(如图2-21)

菊花。菊花属火,菊科植物。(如图2-22)

木槿。木槿属水,锦葵科植物。(如图2-23)

图2-20 桂花(木犀科)

图2-22 菊花(菊科)

图2-21 木芙蓉(锦葵科)

图2-23 木槿(锦葵科)

(一)白色属金植物场的建造宜选用的植物

木槿、木芙蓉、夹竹桃(选用宜谨慎,适合于抗污染的环境中)、一串白(一串红之品种)、葱兰、菊花等。

（二）红色属火植物场的建造宜选用的植物

月季、木芙蓉、一串红、秋葵、石蒜、百日草、翠菊、蛇目菊等。

（三）紫色属木植物场的建造宜选用的植物

月季、木槿、一串紫（一串红之品种）、百日草、菊花等。

（四）黄色属土植物场的建造宜选用的植物

黄蜀葵、黄秋葵、伞房决明、黄槐、桂花（金桂）、万寿菊、孔雀草、百日草、双荚槐、皇帝菊等。

四、冬天如何养生

冬日花木养生歌

冬日大地万物藏，养肾为主防逆伤；

蓄足精气盈满仓，来春百事竞辉煌。

冬天，大地收藏，万物皆伏，肾气内应而主藏，养生应以养肾为主，逆之则伤肾，春天会生痿病。奉生者少（降低了适应春天的能力）。

适合冬季养生的花主要有以下几种。

水仙花。水仙花属金，石蒜科。（如图2-24）

腊梅花。腊梅花属土，蔷薇科。（如图2-25）

图2-24 水仙花（石蒜科）

图2-25 腊梅花（蔷薇科）

桃花。桃花属火和金，蔷薇科。（如图2-26）

山茶花。山茶花属水带火金，山茶科。（如图2-27）

吊钟花。吊钟花属火，杜鹃花科。

图2-26 桃花（蔷薇科）

图2-27 山茶花（山茶科）

第四节　植物开花结果的四季规律

一、植物开花的时间规律

（一）1月开的花

南天竹、梅花、一品红、君子兰、水仙、腊梅、小苍兰、马蹄莲、仙客来、樱草、瓜叶菊、四季海棠等。

（二）2月开的花

山茶花、梅花、蟹爪莲、春鹃、小苍兰、马蹄莲、仙客来、春兰、瓜叶菊、喉草等。

（三）3月开的花

浦包花、樱草、瓜叶菊、春兰、四季海棠、君子兰、春鹃、蟹爪莲等。

（四）4月开的花

佛手花、香橼花、碧桃、丁香、连翘、君子兰、春鹃、天竺葵、大花天竺葵、倒挂金钟、令箭荷花、蕙兰、樱草、瓜叶菊、蒲包花等。

(五）5月开的花

叶子花、朱顶红、八仙花、夏鹃、天竺葵、大花天竺葵、倒挂金钟、令箭荷花、茼蒿菊、樱草、香豌豆、瓜叶菊、蒲包花、牡丹、月季等。

(六）6月开的花

夹竹桃、白兰、八仙花、韭菜莲、夏鹃、茉莉、米兰、凤尾兰、南非凌霄、倒挂金钟、令箭荷花、仙人掌、昙花、宿根福禄考、千花葵、香豌豆、芍药、蜀葵等。

(七）7月开的花

叶子花、夹竹桃、白兰、文珠兰、韭菜莲、百子莲、茉莉、米兰、凤尾兰、令箭荷花、仙人掌、昙花、千花葵、宿根福禄考、美人蕉等。

(八）8月开的花

珊瑚豆、大丽花、美人蕉、叶子花、夹竹桃、茉莉、米兰、昙花、建兰等。

(九）9月开的花

桂花、大丽花、美人蕉、米兰、茉莉、珊瑚豆、夹竹桃、叶子花等。

(十）10月开的花

果石榴、桂花、叶子花、米兰、大丽花、美人蕉、荷兰菊、鸡冠花、翠菊、千日红、雁来红、月季等。

(十一）11月开的花

菊花、四季海棠等。

(十二）12月开的花

一品红、小苍兰、佛手掌等。

月季花也可以在1月到12月开。

说明：

　　南方植物开花有它的季节特殊性，一般花期早开10天，甚至半月，而且花期也长，读者需灵活掌握。

二、植物结果的时间规律

木子兵法认为，春花秋实，春天开了花，秋天就结出丰硕的果实，经作者多年的物候观察，从每年5月开始，植物就开始结果了，它们结果的顺序如下表。

名称	种属科名	果熟时间	名称	种属科名	果熟时间
桑树	桑科桑属	5～7月	石榴	石榴科石榴属	9～10月
梅	蔷薇科梅属	5～6月	枸骨	冬青科冬青属	9～11月
樱桃	蔷薇科	5～6月	栾树	无患子科栾树属	初秋
荔枝	无患子科荔枝属	5～8月	拐枣(枳椇)	鼠李科枳椇属	9～10月
枇杷	蔷薇科枇杷属	初夏	珊瑚树	忍冬科荚蒾属	9～10月
杨梅	杨梅科	6-7月	苹果	蔷薇科苹果属	7～11月
杏	蔷薇科梅属	6～7月	花椒	芸香科花椒属	7～10月
桃	蔷薇科梅属	6～9月	桂圆	无患子科龙眼属	7～8月
紫金牛	紫金牛科紫金牛属	6～11月	木瓜	蔷薇科木瓜属	8～10月
枸杞	茄科枸杞属	6～11月	白梨	蔷薇科梨属	8～9月
香樟	樟科樟属	9～11月	枣树	鼠李科枳椇属	8～9月
核桃	胡桃科胡桃属	9～11月	葡萄	葡萄科葡萄属	8～9月
板栗	山毛榉科栗属	9～11月	红瑞木	山茱萸科梾木属	8～9月
柿树	柿树科柿树属	9～10月	猕猴桃	猕猴桃科猕猴桃属	8～10月
火棘	蔷薇科火棘属	9～10月	柑桔	芸香科柑桔属	10～12月
南天竹	小檗科南天竹属	9～10月	喜树	珙桐科喜树属	10～11月
柚	芸香科柑桔属	9～10月	甜橙	芸香科柑桔属	11月～次年2月

三、各种水果适宜的食用季节

（一）冬季适宜食用的水果

12月：樱桃番茄、红香蕉、鸡蛋果、木瓜、草莓、百香果、杨桃、无花果、番石榴、牛奶蕉、鹤首瓜、观赏南瓜、果蔗、台湾青枣、黑提、人心果（即人参果，为热带常绿果树，下同）、柠檬、菠萝、油梨、柑橘、橙。

1月：木瓜、红香蕉、樱桃番茄、杨桃、柑橘、橙、青枣、甘果蔗、草莓、番石榴、牛奶蕉、柑橘、观赏南瓜、无花果、鹤首瓜。

2月：木瓜、红香蕉、樱桃番茄、杨桃、番荔枝、青枣、甘果蔗、草莓、番石榴、牛奶蕉、柑橘、观赏南瓜、鹤首瓜。

（二）春季适宜食用的水果

3月：枇杷、红香蕉、樱桃番茄、杨桃、番荔枝、青枣、甘果蔗、草莓、番石榴、牛奶蕉、柑橘、观赏南瓜、果桑、鹤首瓜、蛇瓜。

4月：枇杷、红香蕉、樱桃番茄、荔枝、番荔枝、蛇瓜、甘果蔗、果桑、番石榴、牛奶蕉、鹤首瓜、观赏南瓜、澳洲坚果、柠檬。

5月：芒果、红香蕉、樱桃番茄、荔枝、番荔枝、蛇瓜、黄皮、果桑、番石榴、牛奶蕉、鹤首瓜、观赏南瓜、李、西瓜、桃、香瓜、柠檬、台湾莲雾、澳洲坚果、油梨。

（三）夏季适宜食用的水果

6月：芒果、红香蕉、樱桃番茄、荔枝、番荔枝、蒲瓜、黄皮、果桑、番石榴、牛奶蕉、鹤首瓜、观赏南瓜、李、西瓜、桃、柠檬、台湾莲雾、澳洲坚果、菠萝、火龙果、油梨。

7月：芒果、红香蕉、樱桃番茄、荔枝、番荔枝、蒲瓜、黄皮、番龙眼、番石榴、牛奶蕉、鹤首瓜、观赏南瓜、李、西瓜、桃、香瓜、柠檬、台湾莲雾、澳洲坚果、菠萝、火龙果、油梨、龙眼、百香果、菠萝蜜。

8月：芒果、红香蕉、樱桃番茄、木瓜、番荔枝、蒲瓜、杨桃、番龙眼、番石榴、牛奶蕉、鹤首瓜、观赏南瓜、日本甜柿、西瓜、黑提、香瓜、柠檬、菠萝蜜、澳洲坚果、菠萝、火龙果、油梨、龙眼、百香果。

（四）秋季适宜食用的水果

9月：芒果、红香蕉、鸡蛋果、木瓜、番荔枝、百香果、杨桃、番龙眼、番石榴、牛奶蕉、鹤首瓜、观赏南瓜、日本甜柿、西瓜、黑提、香瓜、柠檬、菠萝蜜、油梨、菠萝、火龙果。

10月：樱桃番茄、红香蕉、鸡蛋果、木瓜、百香果、杨桃、无花果、番石榴、牛奶蕉、鹤首瓜、观赏南瓜、火龙果、西瓜、黑提子、人心果、柠檬、菠萝、油梨。

11月：樱桃番茄、红香蕉、鸡蛋果、木瓜、百香果、杨桃、无花果、番石榴、牛奶蕉、鹤首瓜、观赏南瓜、火龙果、台湾青枣、黑提、人心果、柠檬、菠萝、油梨。

第五节　一天里的四季养生场的建造

历代养生家都强调，人们的生活规律必须顺应四季变化，以免引发疾病。在一年中，阳气有一个生、长、收、藏的变化过程，我们度过的每一天也是一样，应该根据阳气的生长变化，适时调整机体活动以顺应自然。

一、早上如春

晨起如春。早晨起床，正如漫漫长冬结束后，阳气开始生发的春季，养生要点也应该与春季养生相同。一是要经常运动，经过一夜休息人体像经过冬的蛰伏，阳气开始生发，机体需要运动来增加活力。二是与春季养阳对应，人体经过一个冬天的消耗，阳气不足，难以抵御风寒，所以有"春捂"的说法。体现在一天中，就是晨起锻炼应注意保暖，否则就容易感受风寒。

木子兵法认为，春就是寅卯辰时。

寅时（3~5点）不夜作。此时是老虎出山的时候，但人的体温最低，血压也最低，脑部供血最少，此时夜班工作人员易出差错，重病人也更易出现死亡，必须引起足够重视。

卯时（5~7点）莫喝酒。有的人早餐时喜欢喝酒，这是一种坏习惯，必须改变。因为人体里产生的有毒物质是依靠肝脏来清除的，肝脏的工作效率在晚上较高，清晨较低。若早餐饮酒，肝脏无力及时解毒，导致血液中酒精浓度提高，必然对身体有害。此时，应该在属水或属木的植物生物场中进行深呼吸，打太极拳，或练气功，将有补肾和护肝功能。

辰时（7~9点）是生肖属龙的人的好时光，此时有利于属龙的人进行生物场的调整。此时适合在属土和属火的植物场中进行对胃和心脏的调整，凡有胃病、低血压和有心血管病的病人适宜在有含笑花、桂花、红棉、火石榴的园林环境中休憩，有益养生和调整心态。

清晨勿赖床。早上六七点钟时，人体开始增加皮质酮等应激激素的分泌，血液加速流动，心跳加快，精神随之活跃起来。此时醒来，起床锻炼活动，对身体健康非常有益。

适合早上养生的植物：

蒲葵（Livistona chinensis）。属水，棕榈科植物。（如图2-28）

露兜（时来运转，Pandanus tectorius）。属火，露兜树科植物。（如图2-29）

蝴蝶兰（Phalaenopsis amabilis）。属水带火，兰科植物。（如图2-30）

图2-28 蒲葵（棕榈科）

图2-29A

图2-30 蝴蝶兰（兰科）

图2-29B 露兜（露兜树科）

二、中午如夏

日间如夏。白天的工作时间，正如阳气充足的夏天，人的机体处于兴奋状态，应该充满活力地投入到工作中去。而天过中午，正是阳气盛极转衰时，因此午饭过后，人体会感到困倦，有条件的朋友应该午休半小时左右，为下午的工作积蓄更多的能量。

木子兵法认为，夏就是巳午未时。

巳时（9~11点）研究表明，人体运行周期由体温控制，健康人24小时中的体温变化是夜间下降，白天上升，其相差在1℃之间，尤以上午9~11点和下午4~6点达到高峰。此时，人的头脑清醒，精力旺盛，工作、学习效率最高，决不可任意荒废掉。此时对生肖属蛇的人是最好的心态和养生的时机，按照《李氏绿色兵法》，适宜在属火的植物场中工作和学习，特别对胆子小、工作缺乏信心的人将有很好的裨益。

午时（11~13点）是生肖属马的人的好时光，此时有利于属马的人进行生物场的调整，是准备吃饭或休息的时间，有利于将身体全部血液集中到胃部，帮助消化，不应该做剧烈运动，宜在饭厅或餐桌上摆设属土的植物，如黄色的康乃馨、玫瑰、黄玉兰、金心巴西铁、滴滴金、金百合竹等，有利于增加食欲。

图2-31
金心巴西铁（龙舌兰科）

未时（13~15点）当小憩。在这段时间里，人体肾上腺素分泌减少，体温也有所下降，是白天里最感疲劳的阶段，需要适当休息。但休息时间不宜过长，不能超过1小时，否则反而对健康不利。此时是生肖属羊的人的好时光，对于属羊的人，适宜于在属火和属土的植物场中进行休息，对脾胃的调整有益。

适合中午养生的植物：

金心巴西铁（Dracaena fragrans）。属土，龙舌兰科植物。（如图2-31）

勿忘我（Remember Me）。属水，蓝雪花科植物。（如图2-32）

昙花（Epiphyllum oxypetalum）。属金，仙人掌科植物。（如图2-33）

图2-32 勿忘我（蓝雪花科）

图2-33 昙花（仙人掌科）

三、傍晚如秋

暮时如秋。太阳落山，气温开始下降，正如秋天的肃杀，阳气由"长"转为"收"，我们应该将白天的工作收尾，调整精神，像秋天一样冷静思考一下，想想这一天的所作所为是否得宜，以让自己更进步。身体也开始进入放松状态，如果此时还要加班熬夜的话，对身体健康是不利的。

申时（15~17点）是生肖属猴的人的好时光，此时有利于属猴的人的生物场的调整，适当做少许健身运动，有利于增加食欲，按照《李氏绿色兵法》，宜建造属金的植物环境，如白玉兰、白玫瑰、银桂、银龙血树等绿色材料摆阵布场。

酉时（17~19点）是鸡回笼的时候，对于生肖属鸡的人是养生的好时光，宜在属金和属土的植物环境进行活动。

戌时（19~21点）是狗最活跃的时候，如果触犯了忠实于主人的看门狗，就会遭到最凶的袭击。戌五行属土，应以火旺土，故此宜建造属火和属土的生物场，有益于脾胃和养生。

适合傍晚养生的植物：

白玉兰（Magnoliadenudate）。属金，木兰科植物。（如图2-34）

银龙血树（Dracaena angustifolia）。属金，百合科植物。（如图2-35）

白油茶（Camellia Oleifera）。属金，白油茶科植物。（如图2-36）

图2-34 白玉兰（木兰科）

图2-35 银龙血树（百合科）

图2-36 白油茶（白油茶科）

四、夜晚如冬

晚间如冬。夜间后，阳气由"收"转"藏"，应早些休息，使身心得到调养。现代人夜生活丰富，经常熬夜。这都是与自然规律相悖的。晚间是一天中最富余暇的时段，应当营造出一个轻松、愉快的氛围。晚餐不宜吃得过于丰盛，应尽量减少油腻的食物，粗粮反而有益调理身体阳气，起到"藏"的效果。

一年四季的养生与一天各个时段的养生都有相通之处，总的原则就是顺应天时，天人合一。

亥时（21～23点）是猪休息的时候，猪白天吃三餐，到晚上就长膘。人此时也是休息的时候，按照《李氏绿色兵法》布置属金和水的生物场，应布置带香的花，如夜来香、银桂、茉莉、广玉兰、玉堂春、银薇、白莲、白玫瑰、白康乃馨、水横枝、富贵竹以及晚上吸收二氧化碳放出氧气的仙人掌、象牙球等，这些植物有益于人在宁静和芳香的环境中进入梦乡，提高睡眠质量。

子时（23～1点）该恋床。专家把这段时间定义为美容睡眠期，在这个时段内若能得到真正的休息，醒来以后会神清气爽，容颜悦人。此外，这段时间，人体生长激素会大量分泌，让婴幼儿此时睡足睡好，对他们的生长发育至关重要。此外，子时是老鼠最为活跃时，此时如加紧时间灭鼠最为有效。

丑时（深夜1～3点）是牛消化最旺盛时，牛的胃有四个，此时它把白天吃下的草吐出来再咀嚼，叫做牛的反刍作用。丑时喂牛长膘最快。丑时是人的降黑素分泌时刻，在深夜2时，人脑的免疫抗体降黑素进行分泌，若此时人不休息，在灯光下进行打麻将、卡拉OK、跳舞、喝酒等夜生活，就影响降黑素的分泌，长期如此，颠倒阴阳，就会严重影响身体。

适合夜晚养生的植物：

芦荟（Aloe vera var. chinensis）。属水，百合科植物。（如图2-37）

玉棠春（Magnoliadenudate）。属金，木兰科植物。（如图2-38）

晚香玉（Polianthus tuberosa）。属土带金，石蒜科植物。（如图2-39）

图2-37 芦荟（百合科）

图2-38 玉堂春（木兰科）

图2-39 晚香玉（石蒜科）

第六节　矫正性格的生物场的建造

有朋友来信说看到一篇报道，说是"谈话姿势看性格"，并向我求教如何用木子兵法为有如下几种不雅的动作的人建造矫正的植物气场。

A. 手不停地抚摸下巴；

B. 一只手撑着脸颊；

C. 拇指托着下巴，其余手指遮着嘴巴或鼻子；

D. 不停地揉耳朵。

选A：对方经常陷入沉思，听不见你说的话。这种人不会算计别人，只是有时候会钻牛角尖。也因为这样，他们人际关系上的表现有点神经质，所以与他们交流时要少说有歧义的话。

木子兵法认为下巴五行属水。经常做A姿势（手不停地抚摸下巴）的人水太多，所以需要用火土来平衡，宜用属火的红色园林和属土的黄色园林。选用的盆景宜为绿叶婆娑子满枝的火棘，属火，或尤有花枝俏的两面针，属土。

选B：这表示对方没有专心听你讲话，或觉得你的话有点烦。这种人做什么事都不会很热心，如果你跟他（她）不是特别熟，最好就此结束话题，不然就换一个他（她）感兴趣的话题。

木子兵法认为脸五行属火，经常做B姿势（一只手撑着脸颊）的人需要调整心脏、小肠和三焦，宜用属木的浅绿色园林和属水的蓝色园林。宜选用的盆景有："乱云飞渡"，种名为园柏，属木；"寻根向翠"，种名为水杨梅，属水。

选C：对方很有主见，在你说话时捂嘴可能暗示他（她）不同意你的看法，但又不好意思说出来，你最好有所保留。如果他（她）是在自己说话的时候遮嘴，就可能是言不由衷。

木子兵法认为鼻子五行属金，嘴巴五行属土，经常做C姿势（拇指托着下巴，其余手指遮着嘴巴或鼻子）的人需要补金和补土，宜用属金的白色园林和属土的黄色园林。宜选用的盆景有："云崖飞渡"，种名为福建茶，属金；"古藤春色"，种名为金银花，属土。

选D：他（她）属于静不下来的人，喜欢讲话而不喜欢当听众。这个时候你最好停下来，征求一下对方的意见，免得你说你的，他（她）说他（她）的。

木子兵法认为耳朵五行属水，经常做D姿势（不停地揉耳朵）的人需要补土，宜用属土的黄色园林。可选用的盆景有："探泉"，种名为米兰，属土。

第七节　孔子的养生之道与木子兵法的生物场建造

孔子是闻名世界的思想家和教育家，他不仅是一个谈经论道的"圣人"，创立了儒家学派，而且也是一个注重"修身养性"的典范。他活了72岁，这在当时实属罕见。孔子之所以高寿，自有他的秘诀，现从《论语》中看，孔子的传统养生之道主要有以下几个方面值得学习与借鉴。

一、陶冶情操，修身养性

孔子说："君子有三戒。少之时，血色未定，戒之在色；及其壮也，血气方刚，戒之在斗；及其老也，血气既衰，戒之在得。"木子兵法认为要陶冶情操，修身养性，关键在于建造清心寡欲的植物气场。

（一）年少时，血色未定，要警惕的是迷恋女色。宜观赏"春日牧歌"盆景，调整心境，以求积极进取。

（二）壮年时，血气正旺，要警戒的是好斗。应谦恭谨慎，宜观赏"气定神闲"盆景，可令心态平和。

（三）年老时，血气衰弱，要知足常乐，莫贪得无厌。宜观赏"山水同乐"盆景，桑榆有靠，儿孙同乐。

木子兵法花木造场

清心，五行属离火。清心自在、陶冶情操、修身养性，对培养高素质人才有重要作用，经过兵法布阵的环境场配置组成红色园林和浅绿色园林。

二、心存仁善，慈悲为怀

孔子心地善良，胸怀仁慈，并提出了"仁"的学说，即要求统治者能够体恤民情，爱惜民力，不要过度压迫剥削人民，以缓和阶级矛盾。其次，他主张以德治民，反对苛政和任意刑杀。他的学说后来成为我国两千多年封建文化的正统，对后世影响极大。

图2-40 由紫荆花per fumum（豆科）群体组成的红色园林建造属离火的生物气场。

人性本为"心地善良，胸怀仁慈"，要仁爱他人，无阶级之分，宜观赏"纵览云飞"盆景，可提高仁爱之心，让心胸更为广阔。

木子兵法花木造场

仁慈，五行属巽木，是最普遍的德性标准。以仁为核心形成的古代人文情怀，经过兵法布阵的环境场配置组成浅绿色园林和蓝色园林。

三、兴趣广泛，爱好多样

图2-41 由马尾松Pinus massoniana群体组成的浅绿色园林建造属巽木的生物气场。

孔子爱好音乐，并有一定的欣赏能力。他在齐国听到韶乐章，竟"三月不知肉味"，并谓之曰："尽美矣，又尽善也。"他爱好山水，说："仁者乐山，智者乐水。"陶冶性情于山水之中。此外，孔子还常习武，精通射御之术。《吕氏春秋》说："孔子之劲，举国门之关。"可见孔子身强体壮，力大过人，是位文武双全的英杰，这些也为其长寿打下了健康的基础。

以兴趣为师，博览群书，修造自身，完善自我，宜观赏"花团锦簇"的盆景，可提高鉴赏能力，陶冶身心，有助于防治自闭症和忧郁症。

木子兵法花木造场

兴趣，五行属坎水。广泛的兴趣爱好，不断提高自我水平。经过兵法布阵的环境场配置组成蓝色园林和白色园林。

四、乐观开朗，豁达大度

一天，叶公向孔子的弟子子路问孔子的为人，子路不答，孔子对子路说："女奚不曰，其为人也，发愤忘食，乐与忘忧，不知老之将至乃尔。"意思是说，你为什么不这样回答：他的为人，用功时便忘记吃饭，快乐时便忘记忧愁，不知道衰老即将到来，如此罢了。孔子还经常启发弟子："君子坦荡荡，小人长戚戚"，"君子不忧不惧"，"内省不疾，夫何忧何惧？"意思是说，君子心地平和宽广，小人经常局促忧愁。君子不忧愁，不畏惧，自己问心无愧，有什么值得忧愁和畏惧的呢？"饭疏食，饮水，曲肱而枕之，乐亦在其中

图2-42 由椰林组成的黑色园林建造属坎水的生物气场。

矣。"意思是说，无论在什么时候岗位都不能产生怨气，要开朗乐观。就是生活困难，吃粗粮，喝冷水，弯着胳膊做枕头，也有着乐趣。

为人者，需乐观开朗，豁达大度，问心无愧，宜观赏"天籁"盆景，有助于积极向上，乐观进取，正气凛然，更能克服自私自利、鼠目寸光、心胸狭窄的心态。

木子兵法花木造场

度量，五行属坎水。乐观开朗、积极向上，拥有豁达的胸襟和广阔的胸怀。经过兵法布阵的环境场配置组成蓝色园林和白色园林。

五、起居有度，遵循规律

孔子讨厌白天睡懒觉的人。学生宰予白天睡觉，孔子骂他"朽木不可雕也"。孔子还认为晚上睡觉也应做到"寝不言"。在饮食方面孔子有七不吃，即：粮食发霉变质不吃，鱼肉腐烂不吃，气味不正不吃，烹调不当不吃，不该吃饭的时候不吃，切割得不好的肉不吃，没有调味的酱醋不吃。这就避免了因饮食不当引起的多种疾病。

张弛有度，行居有寸，遵循规律，宜观赏"随影步月"，以利神采激扬，身心健康，克服生活杂乱无章和不思进取的心态。

木子兵法花木造场

节律，五行属兑金。遵循规律，保持良好的习惯。经过兵法布阵的环境场配置组成白色园林和黄色园林。

图2-43 由苏铁群体组成的黑色园林建造属坎水的生物气场。

图2-44 由雪香的梅林群体建造白色园林生物气场。

> 注：建造白色园林生物气场对呼吸道疾病有治疗和保健作用；营造黄色园林对肠胃病、消化不良和食欲不振的患者有调整作用。

综上所述，本文以《李氏绿色兵法》对孔圣人的健康养生之道进行解析，配之相应的盆景的观赏和五色园林的建造，运用《易经》的大智慧，利用不同植物的精气建造不同的养生场，调整人的心态，纠正人的性格毛病，防止犯罪，倡导文明，促进和谐，提高中华民族的综合素质。这跟国内外推行的森林浴及以环境来治病有异曲同工之效。

第八节　木子兵法之《黄帝内经》花木养生秘笈

保持健康体质、防止疾病是人类共同的美好愿望。我们的祖先很早就意识到这个问题。据有关记载，唐尧时代的人们就已懂得用舞蹈来预防关节疾病。在先秦诸子百家如《老子》、《庄子》、《吕氏春秋》等著作中，就有许多关于养生的理论和方法的论述。但系统、完整的养生学术思想和理论体系，应当始于最早的中医典籍《黄帝内经》（简称《内经》）。《黄帝内经》不但全面而深刻地论述了养生防病的思想、理论、原则及方式方法等，而且把养生防病摆到了头等的位置上，以养生保健为主，防病重于治病的思想贯穿于整个《黄帝内经》之中。

经过对《黄帝内经》的多年研究，结合当前的生活特点，木子兵法认为，养生的秘诀之一是不要使自己过于劳累。当人体过度劳累时，阳气会亢盛过度，阴精将逐渐消耗。如果这样多次反复，则阳愈盛而阴愈亏，阴阳失去平衡，人就要生病了。

一、养生的一大秘诀是不要发怒

人在大怒的时候，阳气向上涌，血随气升而淤积于上半身，与身体其他部分阻隔不通，从而在无形之中就给心脏、小肠和脸部增加了负面压力，日积月累下来，便可能导致身体疾病，从而危及身心健康。

木子兵法花木养生秘笈化解方法
选择五行属水的植物，如女贞、福建茶、罗汉松、棕竹、鹿角蕨、龙柏等植物摆放于家里或者工作室的北边，以此来化解阳气向上涌起之势，阻止血随气升而淤积于上半身。如在家里还可配以"羽"的音的乐曲（就是含"La"音的音乐）引导，从而让血气更好地畅流到身体各处，让身体处于健康的最佳状态。

二、木子兵法之四季养生秘笈

春季邪气伤人，多病在头部；夏季邪气伤人，多病在心；秋季邪气伤人，多病在肩背；冬季邪气伤人，多病在四肢。春季治病多取各经的络穴；夏季治病多取各经的俞穴；秋季治病多取六腑的合穴；冬季治病应多用药品，少用针刺。如果秋天咳嗽，是因为肺受了外邪。如果是其他季节咳嗽，则是各脏传给肺的。春天肝先受邪，夏天心先受邪，秋天肺先受邪，冬天肾先受邪。

木子兵法花木四季养生秘笈化解方法
春季，选择五行属火的植物，如凤凰木、火焰木及桃树等植物摆放于家里或者工作室的南边，以此抵御春季的邪气伤身。
夏季，选择五行属水的植物，如万年青、人心果、睡莲等植物摆放于家里或者工作室的北边，以此抵御夏季的邪气伤身。
秋季，选择五行属土的植物，如佛肚竹、黄菊和含笑等植物摆放于家里或者工作室的东北或者西南边，以此抵御秋季的邪气伤身。
冬季，选择五行属木的植物，如广玉兰、橘子和银贵等植物，摆放于家里或者工作室的东或东南边，以此抵御夏季的邪气伤身。

三、人体的阴阳是相对平衡的

如果阴气太盛，则阳气受损而为病；如果阳气太盛，则阴气耗损而为病。阳气太盛表现为热性病症，阴气太盛表现为寒性病症。阳气太虚的人，最危险的时候是阴气极盛之夜半；阴气太虚的人，最危险的时候是阳气极盛之中午；寒热交错的病，最危险的时候是阴阳交会的清晨。

阳气太盛，一般人体最直接表现为唇色火红如赤，喉咙干痛，爆火眼等；阴气太盛，一般人体最直接表现为唇色淡（色不红润），鼻道阻塞，易冒冷汗，舌头颜色为淡红色等。

木子兵法花木养生秘笈化解方法

阳气太盛，应选择五行属金或者属水的植物，如属金的吊兰、白菊、水仙花、茉莉花，属水的君子兰、杨梅、海南蒲桃等植物摆放于家里或者工作室的西北边（属金）或者北边（属水），以此来降低或化解阳气过盛。如在家里还可配以"商"的音的乐曲（就是含"Ruai"音的音乐）引导。阴气太盛，应选择五行属火或者属木的植物，如属木的富贵竹、葫芦茶、吊瓜木，属火的红菊、紫藤、梅等植物摆放于家里或者工作室的东边、东南边（属木）或南边（属火），以此来降低或化解阴气过盛。如在家里还可配以"角"的音的乐曲（就是含"Mi"音的音乐）引导，从而让身体阴阳平衡。

四、关节乃邪气客居之所

人体全身有大的关节12处，小的关节和骨缝354处。人体生病时，这些是邪气客居的地方，因此，一般治病时，可以在这些地方采用针灸、刮痧和拔罐等方法，祛除邪气。骨病，痛在关节，病在软骨。

木子兵法花木养生秘笈化解方法

以"属火补土"的布场法，如用荔枝、梅、红紫薇等植物布阵，或者以属火和属土的红色园林和黄色园林布阵法，如用丹桂、红花洋紫荆、金桂、董竹、黄金间碧玉竹等植物布阵。

五、人体的阳气主护卫于外，阴气主营养于内

凡不利天气伤人，外表阳气最先受邪；凡饮食起居失调，内在阴气先受损伤。阳气处于人体外部，是人体外在举足轻重的"保护伞"，时刻为人体抵御着外部邪气的入侵；阴气处于人体内部，把守、指挥着人体生命内部的环境运作，责任重于泰山，时刻谨慎地调节着人体内部的协调与平衡，为阳气之后人体的又一道抵御邪气的重要防线。

木子兵法花木养生秘笈化解方法

选择阳性的植物，如南洋杉、六凌柱、绿月季等植物摆放于家里或者工作室的南边或东南边（要求植物在阳光下，要有1800个勒克斯光照度）；选择阴性的植物，如棕竹、苏铁、夜合、吊竹梅等植物，摆放于家里或者工作室的北或者东北边。这样形成阴阳平和之局，有益于人体的身心健康。

第三章　鲜花吉选宅运昌

第一节　花木才是真正的药

木子兵法认为：药不一定是入口吃的。从"药"的繁体字"藥"的结构上来看，"草木在上，其乐在下"，意即在草木中寻找快乐，在草木中得到真正的快乐、享受最大快乐。所以说花木才是真正的药，是陶冶身心、改善环境的法宝。花木所产生的生物气场无声无形、威力无穷，正是现代人和现实生态环境所急需的不可多得的养分。

图3-1　林中寻乐

第二节　春节旺宅的花木

一、属金花木

（一）柑橘（如图3-2）、四季橘（如图3-3）、代代果（如图3-4）、金蛋果（如图3-5）

五行属金，象征吉祥，大吉大利。它们的植物气场有助于吸烟者戒烟。放在居室的兑（西）、乾（西北）方位。适合属猴、鸡的人。

图3-2 柑橘（芸香科）

图3-4 代代果（芸香科）

图3-3 四季橘（芸香科）

图3-5 金蛋果（芸香科）

（二）朱砂橘 Citrus erythrosa（如图3-6），芸香科

五行属金，象征大吉大利。适宜放在写字楼、酒店、茶楼大门口，大厅正中，它的植物气场有助于吸烟者戒烟。适合属马、蛇、龙、羊、狗、牛、猴、鸡的人。

图3-6 朱砂橘（芸香科）

（三）银柳 Elaeagnus angustifolia（如图3-7），胡颓子科

五行属金，它叶芽银光闪闪，节节上升，是旺财之花。适合于插在大厅花瓶中，与鸿图大展的桃花媲美。它的植物气场有助于呼吸健康，特别适宜于吸烟者。适宜生肖属猴和属鸡的人。

图3-7
银柳（胡颓子科）

二、属火花木

（一）绯桃花 Prunus davidiana Franch（如图3-8），蔷薇科

五行属火，花色艳丽，应节而开，有大展宏图、大吉大利之意，对年轻人有增加桃花运的说法。放在离位（即"南方"）适合年轻人和生意人，以及适合属蛇和属马的人。

图3-8
绯桃花（蔷薇科）

（二）大花蕙兰 Cymbidium hybrida（如图3-9），兰科

五行火带金土，又名洋兰，色彩艳丽，在中国很受欢迎，它有红色、黄色、白色的品种。象征热烈气氛，黄色的蕙兰可旺财，红色可以催财，白色可以表示高雅、祥和。蕙兰价格不菲，放入居室是身份的象征。适宜放在兑（西方）、乾（西北）、艮（东北）、坤（西南）位和中央。适合属龙、羊、狗、牛、猴、鸡、蛇、马的人。

图3-9
大花蕙兰（兰科）

（三）百两金（朱砂根）Ardisia crenata（如图3-10），紫金牛科

五行属火，它是野生花卉，果实红色，很像火辣辣的珍珠，很受老百姓欢迎。它象征财丁两旺富贵之气，适宜放在大厅、客厅、卧室、书房，特别是儿童房。适宜生肖属蛇和属马的人。

图3-10
百两金（紫金牛科）

（四）吉庆果 Solanum pseudo-capsicum（如图3-11），茄科

五行属火，是广东传统的观赏花卉。它的生命力强，粗生粗长，观赏期长、果红诱人。有助于老人和小孩的身体健康。旺财运、报吉祥。适合置于大厅摆设或卧房中。适宜生肖属蛇和属马的人。

图3-11 吉庆果（茄科）

三、属金火花木

（一）粉桃花（寿带）Prunus persica 'Dan Fen'（如图3-12），蔷薇科

五行属金火，象征长寿，是老人专用花，应放在老人起居的地方。适宜放在兑（西方）、乾（西北）位。适合生肖属马和属蛇的人。

图3-12 粉桃花（蔷薇科）

（二）吊钟 Enkianthus quinqueflorus（如图3-13），杜鹃花科

五行属金火，象征大吉大利，旺财催运，广东传统的春节花。有人认为吊钟不吉利，那是迷信讲法，其实"吊钟"是钟声长鸣的意思。适宜放在兑（西方）、乾（西北）及离（南方）位。适合属猴、鸡、马、蛇的人。

图3-13 吊钟（杜鹃花科）

四、属水花木

（一）君子兰 Clivia nobilis（如图3-14），石蒜科

五行属水中火、水中土，高雅之花，寓意谦谦君子之风。表示高雅、旺财、延年益寿。

图3-14 君子兰（石蒜科）

放在大厅、书房旺文昌，益智补肾、健胃。适宜放在离（南方）、兑（西方）、乾（西北）位。适合属猴、鸡、龙、羊、狗、牛的人。

（二）蝴蝶兰 Phalaenopsis amabilis（如图3-15），兰科

五行属水带火土金，它色彩艳丽，是进口花卉，很受群众欢迎，它有红色、白色、黄色及复色。象征富贵和高雅。它也是身份的象征，适宜放在客厅、书房、饭厅、卧室的南方、北方、西方、东北方、西南方、中央。适合生肖属猪、鼠、猴、鸡、龙、羊、狗、牛、蛇、马的人。

图3-15 蝴蝶兰（兰科）

（三）仙客来（兔仔花）Cyclamen persicum（如图3-16），报春花科

五行属水带火，它是北方的植物花卉，每逢春节客至羊城。它仙风飘逸，置于室内呈现高雅吉祥之气，常放于大厅、居室、饭厅、书房突出之位。适宜生肖属猪、鼠、蛇、马的人。

图3-16 仙客来（报春花科）

（四）茶花Camellia japonica0（如图3-17），山茶科

五行属水，它是中国产的十大名花之一，迎春开放，花期又长，备受大家喜爱。它的植物气场有补肾、助阳的功能，特别适合于老年人的身体健康。适合置于居室之北方、东方、东南方。适宜生肖属猪和鼠的人。

图3-17 茶花（山茶科）

（五）荷包花 Calceolaria herbeohybrida（如图3-18），玄参科

五行水中带火土，形状像钱袋，故名荷包花。适合摆放在大厅的显眼位置和餐厅，倍增春意，放在餐厅尤增食欲。适宜生肖属蛇、马、牛、龙、羊、狗的人。

图3-18 荷包花（玄参科）

（六）水塔花 Billbergia pyramidalis（如图3-19），凤梨科

五行属水中火土，是菠萝的变种，凤梨的姐妹，品种繁多，有红擎天、黄擎天、红杯凤梨、红剑、紫玉扇等品种。它生命力强，容易培植，置于大厅的角位，有咫尺天地景色万千之感。形态有层次感，象征事业节节上升。它的植物气场有助于补肾和助阳。适宜生肖属龙、羊、狗、牛、猪、鼠、蛇、马的人。

图3-19 水塔花（凤梨科）

五、属木花木

菊花 Dendranthema morifolium（如图3-20），菊科

五行属木带火土金，色彩艳丽，是中国十大名花之一，历史上有谦谦君子之风之说，有红色、白色、黄色及复色，象征富贵、高雅、和谐。它还可以作食用、药用。适宜放在客厅、书房、饭厅、卧室、厕所、走廊的南方、北方、西方、东北方、西南方、中央，还可以作为吊盆植物，或放在架子上。广东人喜欢春节时将其作为瓶插的花。适合生肖属猴、鸡、虎、兔、蛇、马、龙、羊、狗、牛的人。

图3-20 菊花（菊科）

六、属土花木

(一) 舞女兰 (文心兰) Oncidium flexuosum (如图3-21), 兰科

五行属土,是进口的洋兰,花期长达一个月。花如翩翩起舞的姑娘,管理要求不高,粗生粗长,每年都可以开花,很受欢迎。黄色的花,置于饭厅有助食欲,还可以置放在女孩子的卧室,有助睡眠。适合生肖属龙、羊、狗、牛的人。

图3-21 舞女兰(兰科)

(二) 五代同堂 (五指茄) Solanum mammosum (如图3-22), 茄科

五行属土,是进口的观赏花卉,果实奇异,大小同株,观赏期长,故名"五代同堂"。象征吉祥,老少平安。金黄色的果实象征财源滚滚。置于饭厅增加食欲,置于大厅就增加喜庆,放在儿童房也能得到小孩子的喜爱。适宜生肖属龙、羊、狗、牛的人。

图3-22 五指茄(茄科)

七、五行俱全花木

(一) 芍药 (大丽花) Paeonia Lactiflora (如图3-23), 芍药科

五行俱全,色彩艳丽,与北方的芍药不同品种,但是花的艳丽可以和北方的芍药相比美。其品种繁多,有大红(属火)、花猫(属火、金)、紫通(属火)、五彩(五行俱有)。广东人特别喜欢花猫,其花朵大,常作为插花置于大厅的桌子上。大红适宜生

图3-23 芍药(芍药科)

肖属蛇和马的人，花猫适宜生肖属蛇、马、猴、鸡的人，紫通适宜生肖属蛇和马的人，五彩适宜各种生肖的人。

（二）富贵菊（瓜叶菊）Cineraria cruenta（如图3-24），菊科

五行俱全，本叫瓜叶菊，因为人们觉得它的名字不雅，所以商场上叫"富贵菊"。它是春节常用的节日花卉，常以盆栽放入居室的大厅、卧室、书房、饭厅、厨房、卫生间。适宜各种生肖的人。

图3-24 富贵菊（菊科）

（三）牡丹花 Paeonia suffruticosa（如图3-25），芍药科

以火为主，五行俱全。牡丹花是中国产的传统十大名花之首，象征雍容华贵，有"国色天香"之称，置于大厅中是景观的亮点。在居室的任何地方都可以摆放。适宜各种生肖的人。

图3-25 牡丹花（芍药科）

（三）剑兰（唐菖蒲）Gladiolus hortulanus（如图3-26），鸢尾科

五行俱全，它是艳丽的球根植物，是瓶插的主角之花。在春节时，它与桃花、银柳、菊花是配花。象征事业蒸蒸日上、斗志昂扬和繁荣昌盛。置于大厅之中央。但剑兰有"利剑"之称，去探病时切忌送剑兰，以免犯忌。适宜各种生肖的人。

图3-26 剑兰（鸢尾科）

（四）樱草 Primula vulgaris（如图3-27），报春花科

别名"报春花"，五行俱全，花色繁多，产自西欧和日本，是近年来花市新宠。各种年龄、十二生肖的属相的人都可以使用，可以放在居室内的任何地方。

图3-27 樱草（报春花科）

八、其他属性花木

（一）一品红（圣诞花）Euphorbia pulcherrima（如图3-28），大戟科

五行属火土，色彩比较艳丽，很受家居欢迎，象征热烈气氛。但因为汁液有毒，适合放大厅，不适宜放书房、饭厅，特别是儿童房，会引起过敏不适。适宜生肖属蛇、马、龙、羊、狗、牛的人。

图3-28 一品红（大戟科）

（二）鸡冠花 Flos Celosiae Cristatae（如图3-29），苋科

五行属火土，色彩比较艳丽，花形似雄鸡之冠，意气风发、斗志昂扬，有"一唱雄鸡天下白"之说。象征吉祥，特别适合男士。鸡冠花还有变种，叫"穗冠花"。它如雌鸡的尾巴婀娜多姿，象征女士，常作为佩花之用。适宜生肖属蛇、马、龙、羊、狗、牛的人。

图3-29 鸡冠花（苋科）

（三）水仙花 Narcissus tazetta（如图3-30），石蒜科

五行属水土金，是中国产的传统十大名花，是水培的花卉。古人对水仙花有很多赞美。它有单瓣的金盏银盆，重瓣的玉玲珑，进口的是黄色的洋水仙和蓝色的风信子，在居室中芳香可人，在春节厅堂中倍添春意。适宜属猪、鼠、龙、羊、狗、牛、猴、鸡的人。

图3-30 水仙花（石蒜科）

（四）西洋杜鹃 Rhododendron hybrida（如图3-31），杜鹃花科

五行属火金，是进口的品种，与普通的中国杜鹃花不同。因为杜鹃又名杜宇，有"三月杜鹃啼血红"之说，所以民间常认为是不吉祥的花，远而避之，很少置于室内。但西洋杜鹃的花瓣厚实、花色艳丽，又应时开放，备受中国人欢迎。适合置于大厅的迎客之处。适宜生肖属蛇、马、猴、鸡的人。

图3-31 西洋杜鹃（杜鹃花科）

（五）墨兰 Cymbidium sinensis（如图3-32），兰科

五行属木水，它是中国传统名花，有高风亮节、逆境而生之君子气度。适合置于书房和卧室，有宁神养志、陶冶身心之功效。春节花期长达一个月，花色虽不艳丽，但芳香可人。尤其受中老年人、文化人所喜爱。适宜生肖属虎、兔、猪、鼠的人。

图3-32 墨兰（兰科）

第四章　花木与星座运程

十二星座西方传，时尚文化觉新鲜。
洋为中用人所爱，茶余饭后道不完。

第一节　十二星座概述

　　十二星座起源于西方的神话传说，已流传上千年。每个星座代表了一个美丽动人的故事，并演绎出与星座相对应的性格、爱好、守护星、吉祥物、幸运日、幸运数、幸运色、幸运地，学习指数、爱情指数、事业指数、婚姻指数、家庭指数以及年、月、日的运程预测等等。十二星座的美妙传说及由此演绎而成的上述预测文化，与中国传统的十二生肖相比，具有异曲同工之妙。不同的是十二生肖以年份来区分，而十二星座是以月份来区分，更带有普遍性，尤其深得不愿透露年龄的女性喜爱。

　　作为国际性的时尚文化，十二星座没有国界限制，没有性别差异，没有贫富悬殊，更没有年龄界限。自改革开放以来，随着港台文化在内地的传播，十二星座文化成功地融入了中国当代社会，短短的几年时间里风靡大江南北，受到许多人的推崇和钟爱，尤其是追求时尚与个性的年轻人。十二星座正以其深邃的文化内涵，吸引着越来越多人去了解、去研究。

　　十二星座时尚文化的流行，具有全球化趋势的深刻背景，同时延伸出了许多相关的分支。在一些青少年杂志上，"星座与命运"、"星座与性格"、"星座与爱情"、"星座与鲜花"等等，已经成为一个时尚的卖点。各大高校的BBS上也几乎都为"星座"开辟了专版，网络正以它特有的广度、深度和速度成为"星座迷恋"现象最强有力的传播者。从商业的角度看，十二星座营造了一个前所未有的时尚文化氛围。

木子兵法除了对人的生物节律、血型、生肖以及对人的性格素质培养进行生物场配套的优选外（见笔者之《植物密码——李氏绿色兵法》和《植物风水》两书），还应用中国传统文化中的《易经》阴阳五行学说对十二星座的生物场配套改场进行研究。因为毕竟还是新的尝试，还不很成熟，仅与读者朋友共同探讨，不足之处请批评并赐教。

第二节　如何查找自己的星座

中国古人崇拜星星，把天上九大行星的木星作为岁星，又因岁星把人分十二生肖，把天上星星分二十八宿，而西方人把星座分为十二个，按每个人的出生日月（按公历计），分别与星座对号入座。

表4-1　十二星座农历对照表

星座	公历时间	农历时间	五行属性
白羊座	3月21日~4月20日	农历卯月	五行属木
金牛座	4月21日~5月20日	农历辰月	五行属土
双子座	5月21日~6月20日	农历巳月	五行属火
巨蟹座	6月21日~7月20日	农历午月	五行属火
狮子座	7月21日~8月20日	农历未月	五行属土
处女座	8月21日~9月20日	农历申月	五行属金
天秤座	9月21日~10月20日	农历酉月	五行属金
天蝎座	10月21日~11月20日	农历戌月	五行属土
射手座	11月21日~12月20日	农历亥月	五行属水
山羊座	12月21日~1月20日	农历子月	五行属水
水瓶座	1月21日~2月20日	农历丑月	五行属土
双鱼座	2月21日~3月20日	农历寅月	五行属木

第三节　木子兵法论十二星座花木布场

一、白羊座（五行属木）3月21日～4月20日

（一）木子兵法调场

白羊座个性明朗活泼，精力旺盛，富于挑战性，具有领导能力，但过于直率，容易得罪别人，脾气暴躁，缺乏耐心。按木子兵法可用木法助气场，有草吃，白羊才能长得肥壮，要有茂密的花木，羊才得到很好的保护。因此，优选的旺场花木套餐可用属木、属水的花木，如金山棕竹、勿忘我、夏威夷椰子、酒瓶兰、兰花等来旺气场。宜摆放在北或东、东南位。

（二）幸运香草

芸香、白丁香、乳香、香茅。

（三）适合种植的香草

尤加利（使头脑保持清醒），乳香（增强自我忍耐力）。

二、金牛座（五行属土）4月21日～5月20日

（一）木子兵法调场

金牛座个性沉稳，值得信赖，但缺乏弹性，像牛一样固执，而且喜欢追求感官娱乐，偏重物质。按木子兵法可用土法助气场，要想金牛长得好，就要把肠胃调整好。因此，优选的旺场花木套餐可用属土花木，如金心巴西铁、金心也门铁、腊梅花、黄玫瑰、金叶女贞（如图4-1）等来旺气场。宜摆放在东北或西南位。

图4-1　金叶女贞（木犀科）

（二）幸运香草

佛手、丝柏。

（三）适合种植的香草

迷迭香（增强行动效率），葡萄柚（加强斗志）。

三、双子座（五行属火）5月21日～6月20日

（一）木子兵法调场

双子座个性开朗，机灵活泼，口才好，人缘佳，通常多才多艺，但比较敏感，略带神经质，是典型的双重个性。按木子兵法可用木、火法助气场。要想双子座运势改善，平和心态，优选的旺场花木套餐可用属木、属火花木，如千日红、红鸡冠花、鸭脚木（如图4-2）等来旺气场。宜摆放在东或南位。

（二）幸运香草

天竺葵、留兰香。

（三）适合种植的香草

迷迭香、薄荷（消除精神压力，增强活力）、山茶、佛手柑（增强免疫力）。

图4-2 鸭脚木（五加科）

四、巨蟹座（五行属火）6月21日～7月20日

（一）木子兵法调场

巨蟹座个性保守，温柔含蓄，善于照顾别人，给人温暖安全的感觉，但不善于表达内心的感受，情绪比较敏感脆弱。按木子兵法可用火法助气场，要想巨蟹座运势改善、增加财运，优选的旺场花木套餐可用属火花木，如红茶花、红掌（如图4-3）、大红花、红宝巾等来旺气场。宜摆放在南位。

（二）幸运香草

薰衣草、檀香、红康乃馨。

（三）适合种植的香草

薰衣草、天竺葵（调节情绪）、佛手柑、乳香（充满自信）。

图4-3 红掌（天南星科）

五、狮子座（五行属土）7月21日～8月20日

（一）木子兵法调场

狮子座个性豪爽，喜欢交际，重视朋友，经常是团体中的焦点人物，但生性虚荣，爱挥霍，喜欢掌握权力，不愿受人支配。按木子兵法可用火土法助气场，要想狮子座运势改善，防止破财，优选的旺场花木套餐可用属火、属土花木，如红花继木、红紫薇、炮仗花、向日葵等来旺气场。宜摆放在南、东北或西南位。

（二）幸运香草

红玫瑰、迷迭香。

（三）适合种植的香草

茉莉、檀香（放松身心）。

六、处女座（五行属金）8月21日～9月20日

（一）木子兵法调场

处女座的人纯真、有洁癖，做事计划周详，知识丰富，但是害羞内向，略带神经质，偶尔会吹毛求疵。按木子兵法可用金土法助气场，要想处女座运势改善，防止口角、是非，优选的旺场花木套餐可用属金、属土花木，如金花茶、九里香、福建茶、含笑（如图4-4）等来旺气场。宜放置西、西北、东北或西南位。

图4-4 含笑（木兰科）

（二）幸运香草

茉莉、薰衣草、薄荷。

（三）适合种植的香草

薰衣草、玫瑰（驱散压力），茴香、迷迭香（增添能量）。

七、天秤座（五行属金）9月21日～10月20日

（一）木子兵法调场

天秤座冷静多谋，仪态优雅，是天生的绅士淑女，凡事保持中庸态度，待人处事公正，但依赖心强，有逃避现实的倾向。按木子兵法可用金法助气场，要想天秤座运势改善，防止口角和是非，优选的旺场花木套餐可用属金花木，如白玉兰、茉莉、栀子花（如图4-5）、白丁香等来旺气场。宜放置西或西北位。

图4-5 栀子花（茜草科）

（二）幸运香草

白玫瑰、九层塔。

（三）适合种植的香草

杜松莓（调整思绪，还可瘦身）、马郁兰、玫瑰（舒缓情绪）。

八、天蝎座（五行属土）10月21日～11月20日

（一）木子兵法调场

天蝎座个性坚强，具有敏锐的感觉，做事全力以赴，外表冷漠神秘，内心炽热，嫉妒心和独占欲很强，令人觉得不好相处。按木子兵法可用火土法助气场，要想天蝎座运势改善，防止意外，优选的旺场花木套餐可用属火、属土花木，如金花茶、夜合花、火石榴、含笑等来旺气场。宜放置东北、西南或南位。

（二）幸运香草

黄玫瑰、松木、薄荷。

（三）适合种植的香草

薄荷、杜松莓（坦率情感），迷迭香（控制热情）。

九、射手座（人马座，五行属水）11月21日～12月20日

（一）木子兵法调场

射手座天生具有贵族气质，装扮体面，言行高雅，乐观活泼，但过度崇尚自由，喜爱刺激，用情不专。按木子兵法可用金、水法助气场，要想射手座运势改善，防止是非口角，优选的旺场花木套餐可用属水花木，如黑金刚（如图4-6）、小天使、勿忘我等来旺气场。宜放置西、西北或北位。

图4-6 黑金刚（桑科）

（二）幸运香草

乳香、玉兰、薰衣草。

（三）适合种植的香草

薰衣草、蓝玫瑰（增添优雅气度）、杜松莓、迷迭香（让体态更动人）。

十、摩羯座（山羊座，五行属水）12月21日～1月20日

（一）木子兵法调场

摩羯座刻苦耐劳，不屈不挠，克勤克俭，工作全力以赴，生活却平淡无趣。按木子兵法可用水法助气场，要想摩羯座运势改善、学业进步，优选的旺场花木套餐可用属水花木，如袖珍椰子、观音坐莲、龟背竹、绿萝等来旺气场。宜放置北位。

（二）幸运香草

柏木、广藿香、毛麝香。

（三）适合种植的香草

柠檬、薄荷、迷迭香（培养适度理性）、葡萄柚。

十一、水瓶座（五行属土）1月21日～2月20日

（一）木子兵法调场

水瓶座是博爱主义者，待人亲切但不深交，充满智慧却缺乏热心，崇尚自由，兼具理性与冷淡。按木子兵法可用水土法助气场，要想水瓶座运势改善，防止口角是非和破财，优选的旺场花木套餐可用属火、属土花木，如凌霄花（如图4-7）、花叶良姜、袋鼠花、红玫瑰等属火和属土的花木来旺气场。宜放置南、东北或西南位。

图4-7 凌霄花（紫葳科）

（二）幸运香草

夜来香、薄荷。

（三）适合种植的香草

柠檬、迷迭香、葡萄柚、苟香。

十二、双鱼座（五行属木）2月21日～3月20日

（一）木子兵法调场

双鱼座的人温柔浪漫，具有直觉性和艺术性，肯自我牺牲，但性格多变，不易下正确的判断。按木子兵法可用木法助气场，要想双鱼座运势改善、防止破财，优选的旺场花木套餐可用属木花木，如富贵树、发财树（如图4-8）、鹅掌藤、观音竹等属木的花木来旺气场。宜放置东或东南位。

图4-8 发财树（木棉科）

（二）幸运香草

天竺葵、香茅。

（三）适合种植的香草

薰衣草、玫瑰（驱散身心的疲劳），马郁兰（控制情感）。

> 说明：
>   读者朋友可按自己出生的公历时间找出自己的星座，再根据星座找出旺自己的花木场，在自己的居室环境中进行布置。也可以按照星座的不同，选择自己相应的幸运香草。特别是从事心理工作的人士对于需要调控情绪的人，根据其星座选择不同的幸运香草布置环境，将收到良好的效果。进行美容行业的工作者可以根据顾客的星座不同而选择相应的幸运香草。

延伸阅读：选楼指南速查法

一、宅主生命密码——五行磁场定位速查表

此表是按照传统风水数学公式计算出来的人的磁场属性（在此省略计算方法）。这是按照人的出生年份来定的卦命，与四柱八字定五行不同。

传统风水学把人分为东四命和西四命，木子兵法将人分为东磁场和西磁场，东磁场的人要住东四宅，西磁场的人要住西四宅。买楼就要按每个宅主的出生年份（最佳是按八字四柱定）来作为该购买什么方向的房子的依据。

二、楼层选择指南

巽、震命的人就要买楼层尾数为1、6、3、8的房子。
坎命的人就要买楼层尾数为1、6、4、9的房子。
离命的人就要买楼层尾数为2、7、3、8的房子。
乾、兑命的人就要买楼层尾数为4、9、5、10的房子。
坤、艮命的人就要买楼层尾数为2、7、5、10的房子。

三、选楼的方向指南

凡是乾、坤、艮、兑为西四命（宅）；
凡是震、巽、离、坎为东四命（宅）。
东四命（宅）的人要买向东、东南、南、北向的房。
西四命（宅）的人要买向西南、西北、东北、西向的房。

四、新宅装修用色指南

巽、震命的人宜用黑、灰、蓝、绿色。

坎命的人宜用白、黑、灰、蓝色。

离命的人宜用绿、红色。

乾、兑命的人宜用黄、白色。

坤、艮命的人宜用红、黄色。

例如：

一位1964年出生的男士，从本表查出他生肖属龙，磁场定位为离，属东磁场（东四命），胎经年干属木。倘若他置业买楼（包括商铺、企业和写字楼），应选择向东、向东南、向北、向南，楼层优选尾数为2、3、7、8，新宅装修主色宜用红色或绿色。

又例如：

一位1964年出生的女士，从本表查出她生肖属龙，磁场定位为乾，属西磁场（西四命），胎经年干属木。倘若她置业买楼应选择向西、向西南、向西北、向东北的房子。她的楼层优选尾数为4、9、5、10，新宅装修主色宜用白色、黄色。

小贴士

楼层不同选择植物亦不同

茶花、鹿角蕨、君子兰、兰花、文竹、吊兰等属于偏阴植物，喜好阴凉、潮湿的环境，适合低楼层阳台。如果家所在的楼层比较高，阳光过于充足，就不适宜这类植物生长。反之，月季、菊花、勒杜鹃（三角梅）、桂花、栀子花、茉莉花、米兰等属于偏阳性植物，喜好阳光，比较适合高楼层的阳台种植。

下篇

花木造风水

HUAMU ZAO FENGSHUI

第一章 花木新知

用自然能量调度风水,用花木改造风水,把凶风水化为吉风水是《李氏绿色兵法》——木子兵法的研究和创造。诗曰:

花红叶绿沐春风,精气与人命相通。
生肖栽花有讲究,人花相映倍敏聪。

第一节 花木是有感知的

花木并非人们想象中的那样毫无知觉,事实上,科学家现在逐渐意识到花木是复杂的生物体——它们可以感知事物,有视觉、嗅觉、味觉、触觉,也许还有听觉。

一、受伤时会"说话"

科学家经过多年研究发现,花木受到伤害时会释放出一种特殊的化学物质,这类化学信号会提醒周围"同伴",做好防御措施,或是向敌人发出警告,准备向其发出攻击。三齿蒿便是一个团结的植物种类,当其受到虫类或其他食草动物的伤害时,就会向"同伴"发出化学信号,当附近的"同伴"收到"警报信息"后,便会将叶子夹起来,表明收到"警报信息"并启动防御系统,这种提示最多可持续3天。科学家通过整个生长季的观察还发现,与周围没有受伤"同伴"的三齿蒿相比,把叶子夹起的三齿蒿周边60厘米范围内的"同伴"的叶子受损情况好于前者。

二、触觉

花木是适应自然环境的能手。最著名的食肉花木捕蝇草,在进化过程中就具备了触觉,所以当昆虫掠过它的"触须"时,它的"下巴"就会合上,不幸的昆虫就成了瓮中之鳖。达尔文是最早指出这种行为是模仿动物的神经系统反应的学者之一。

三、视觉

植物还有看的本事,它们也许没有眼睛,但是格拉斯哥大学的分子生物学家雷思·詹金斯通过实验证明,植物有觉察光的蛋白质。植物组织内含有名为crytochrome和phytochrome的光敏色素蛋白质,它们可以"分辨"光的强弱。这种能力很可能使植物看到我们视力所不能看到的波长,并具有较高的灵敏度。植物能感觉到光照射过来的方向,光的方向使植物知道早上什么时候该"醒来",同样也能促使植物额外分泌栎精和堪非醇这两种无色色素,这两种色素能过滤强烈的阳光,并发挥"遮光剂"的作用来保护植物免受强烈的紫外线的照射。

四、植物中有"战争"

植物间有的和谐相处,也有的不和谐与对立,和谐相处者为相生,不和谐对立相恶者为相克。

葱郁的枝叶,芬芳的花果,无不令人陶然。然而,谁又能想到这些貌似美丽和平的生物无时无刻不在进行着"化学战"呢?植物"化学武器"的种类很多,几乎都是有机物,酸类有:香草酸、肉桂酸、乙酸、氢氰酸等;生物碱类有:奎宁、丹宁、小檗碱、核酸嘌呤;醌类有:胡桃醌、金霉素、四环素;硫化物有:萜类、甾类、醛、酮、卟啉等等。这些"化学武器"分布于各类植物中,多集中于植物的根、茎、叶、花、果实及种子中,可随时释放。

植物间的"化学战"有"海战"、"陆战"和"空战"三类,其手段之多,用心之险,恐怕即使是人类也要自叹弗如。

(一)"海战"

利用降雨和露水把毒气溶于水中,形成水污染而使对方中毒。如桉树叶的冲洗物,在天然条件下可以使禾本科草类和草本植物丧失战斗力而停止生长。紫云英叶面上的致毒元素——硒,被雨淋渗入土中,就能毒死与它共同占据一山头的植物异种。

(二)"陆战"

植物通过根尖把大量毒素排放于土壤中,从而对其他植物的根系吸收能力加以抑制。如禾本科牧草高山牛鞭草,根部能分泌醛类物质,对豆科植物旋扭山绿豆生长进行封锁,使之根系生长变差,根瘤菌也明显减少。

(三)"空战"

植物把大量毒素释放于大气中,形成大气污染,使其他植物中毒死亡。如洋槐树皮能挥发一种物质杀死周围杂草,使根株范围内寸草不生。风信子、丁香花也都是采用"空战"制敌的。

绿色植物是比我们人类古老得多的大家族,我们对它们中复杂多变的化学现象的了解还远远不够。植物中还有很多秘密,等待着我们去发现,去研究,去揭示。

第二节 花木讲"信用"

百花依时开,物候不懒怠。
严格循规律,君莫随意栽。

历史证明,花木是严格地遵循自然规律生长着的,只要天气与地理条件配合,这二十四番花信是会不爽而至的。如果天气变暖或偏寒,物候便会提前或推迟,花期也会相应提前或推迟。前年丁亥年春暖,广州市花——木棉花便提前一个月开放了。宋人范成大有一诗曰:

冻蕊粘枝瘦欲干，新年犹未有春看。
雪花只欲欺红紫，不到梅花也怕寒。

讲的是由于天气变寒而使梅花迟放。随着地理纬度的升高，物候也相应地推迟。白居易在江西写的《浔浦竹》中有"浔阳十月天，天气仍湿燠；有霜不杀草，有风不落木"的描述，但到了纬度较高的西北地区，便是另外一番景象了。如唐朝诗人岑参在《白雪歌送武判官归京》中写道：

北风卷地白草折，胡天八月即飞雪。
忽如一夜春风来，千树万树梨花开。

从公历1月上旬的小寒起，至4月下旬的谷雨止，这4个月共有8个节气，按5天一候共有24候，每候有一种花开放为证，这就是前人称之为"春天的二十四番花信风"。具体地说，即：

小寒：一候梅花，二候山茶，三候水仙；
大寒：一候瑞香花，二候兰花，三候三矾花；
立春：一候迎春，二候樱桃花，三候望春花；
雨水：一候菜花，二候杏花，三候李花；
惊蛰：一候桃花，二候棠棣，三候蔷薇；
春分：一候海棠，二候梨花，三候木兰花；
清明：一候桐花，二候麦花，三候柳花；
谷雨：一候牡丹，二候酴醾，三候楝花。

（参看周瘦鹃著作《花木丛中》）

据园林科学家多年观测表明，随着海拔高度的上升，山区气温低于同纬度的平原地区，因此花也推迟开放。白居易在《大林寺桃花》中写道："人间四月芳菲尽，山寺桃花始盛开。"据调查，大林寺海拔约1100米，平均气温比山下低5℃左右，春季物候比山下要迟20天左右，因此在阴历四月山下桃花已凋谢，山上却是桃花盛开。

　　我国自南向北每移动1纬度，春天物候大约要推迟4天，秋季则要提前4天。但就在同一纬度，由于距海远近不同，物候也有区别。例如四川盆地、两湖盆地和沪杭一带都在北纬30°附近，沪、杭临近海洋，春天升温时它是冷源，所以初春东冷西暖，使沪、杭一带的物候比两湖盆地迟了10天左右，两湖盆地比四川盆地又要迟10天左右。

　　木子兵法植物风水的实质就是阐释花木和人之间不可分割、互容共生的关系，其最终的目的是要更好地理解并应用它。《易经》是用来造福人类、服务社会的，必须站在这个高度来研究它、活用它，只有如此，这一民族瑰宝才能不断散发出璀璨的光芒。

第二章　木子兵法之灯饰风水

第一节　灯饰的风水

　　灯是家的眼睛，灯具不仅可以用来照明，还担负着美化新房、营造家居氛围的重任，挑选时一点都不能马虎。家居灯饰的种类非常多，挑选灯具要根据新房的面积大小以及整体装饰风格来统一搭配。

　　布置良好的室内照明其实并不困难，有时候只要运用一点常识就行了。基本原则就是要避免形成阴暗区，所以不要使用单一的中央光源，而要采用多组光源的组合，不同的房间应采用不同的灯具装饰。家居灯饰的种类非常多，有玻璃、塑料、木质、皮质、金属等几大类上千种样式，款式有吊灯、吸顶灯、台灯、落地灯、壁灯、射灯等；灯的颜色也有很多，无色、纯白、粉红、浅蓝、淡绿、金黄、奶白等。选配家用灯具时，不要只考虑灯具的外形与价格，还要考虑亮度，而亮度应以不刺眼、经过安全处理、清澈柔和为宜。应按照居住者的职业、爱好、情趣、习惯进行选配，并综合考虑家具陈设、墙壁色彩等因素。灯具的大小与空间的比例有很密切的关系，选购时，应考虑实用性与摆放效果，力求达到空间的整体性和协调感。

第二节　灯饰的风水科学

一、五行属性不同的人对灯饰的要求有别

　　灯光是属于阴火，我们从"灯"字的构成上就可以看得出来。"灯"字是火旁从丁（繁体字是火旁从登，可另作别论），亦即丁火，十天干是以丙火属阳，丁火属阴，所以灯光为阴火。阴火不是每个人都需要，它对有的人有利，是越多越好；对有的人则不利，是越少越好。一般来说，对

于冬春出生，天冷时手脚容易冰凉，喜欢吃煎、炒、炸、辣、燥热食品的人适宜多；对于夏秋出生，天冷时手脚亦暖，喜欢吃凉食和清淡食品，睡觉时喜欢伸展身体，一张大床被他占用了一大半的人则不宜多。前者灯光多，就会对运气有帮助，做起事来得心应手，顺顺利利，晚上最好是开灯睡觉，电费越多说明他越行运；后者灯光多，就会脾气暴躁，阴火太盛，一言不合就会大动肝火，真正是生人勿近，他的电费越多就说明他越失运。

冬春出生的人，住宅内最好是多装一些电灯，常常保持家里灯火通明。灯泡有的选用两个灯头一组，有的选用七个灯头一组的最好。颜色可以适量加入一些红色、紫色或粉红色的灯光，但是主要还是以黄色灯光的为主。灯泡的形状以长条形、略带尖的形状较佳。

夏秋出生的人，最好不要在住宅内安装太多的电灯，只要光线够照明就可以了，甚至光线还可以稍为柔和一些。灯泡有的选用一个灯头的，有的选用6个灯头一组的最好。颜色主要是以白色为主，形状选择圆形的较好。

二、灯饰配置关系家宅的吉凶

如果能够根据宅主的命格宜忌配置适量的住宅灯光，充分利用好光源的五行特征，就可以提升宅运，使家人平安，家庭和睦，事业昌盛。反之，如果胡乱配置灯光，该多灯光的命格配置的灯不多，不该多灯光的命格反而配置很多灯，那么就可能出现一些做事多阻、宅运低落的现象。

三、家居的灯饰类别

一般家居灯饰有明堂灯光、水晶灯光、日光灯光、长明灯光和蜡烛光等。明堂灯光一般是在家宅的明堂位置，即大门口或公共地方，最好是明明亮亮，长燃不熄，这样可以提升宅运，阴邪难犯。水晶灯光一般是在大厅正中，水晶内有能量散发出来，水晶与光线互相作用，相得益彰，其能量可以开启宅运，使人逢凶化吉，精神饱满。日光灯光主要是作照明用途，根据宅主的命格宜忌配置适当数量的日光灯，可令人心情舒畅，精力充沛，身心健全。长明灯光主要是在神龛位置，可以补充能量，招财进宝，神佛护佑，驱邪镇宅。蜡烛的烛光可以增加夫妻感情，提升情调，除潮去湿，增强宅运能量。

　　灯光还有很多其他方面的作用，不少魔术师就是运用了光学原理而收到了很好的魔术效果，这说明了光学的重要性。

四、灯饰深藏易学哲理

　　电灯有许多不同的款式与用料，家居大门向东、南及东南朝向的房子适合选择长筒形或长方形木制框的灯饰，而灯泡的数目以尾数为1、2最吉祥。家居大门向西、北以及西北朝向的房子适合选择圆筒形、圆形金属制框的灯饰，而灯泡数目的尾数以6、8为吉祥。家居大门向西南或东北的房子适合选择正方形铝塑制灯框的灯饰，而灯泡数目的尾数以4、9为吉祥。而有关使用电灯的阴阳学问，就要从灯光的颜色与明暗来归属了。

五、灯饰的家居风水布置

　　风水的气来自对外纳气的门和窗，形是外在环境的格局与房屋内部的分布，而数理也是风水上不能忽略的重要元素。例如：房间主人的出生时间的数理，家私、功能区分布，又或者植物和鱼缸内养鱼的数量等。而人们常忽略的是室内电灯的数理，电器数理是现代风水中的元素之一。在古代人们都是采用蜡烛与火种在夜间照明，因而在以往的风水书中没有电器风水的说法。随着科学技术的不断发展，我们把电灯也归属于《周易》阴阳与玄学五行风水上，研究其对人运程的影响，也作为现代风水的发展。

　　居室中的照明已不再仅仅局限于过去的"一室一灯"，如何把用于泛光照明的吊灯、吸顶灯以及用于局部照明和特殊照明的壁灯、台灯、落地灯等运用风水知识合理地搭配起来，营造出阴阳平衡、风水宜人的光照空间，已渐渐成为现代人的新的家居装饰理念。

六、家居各功能区的灯饰风水

（一）客厅与玄关灯饰风水

客厅与玄关属阳，如果天花板较高，宜用三叉至五叉的白吊灯，或一个较大的圆形吊灯，象征动势，空间也有一定的亮度，以缩小上下空间的亮度差别。若习惯在客厅活动者，客厅空间应以立灯或台灯装饰为主，功能性灯具为辅。为了便于与空间协调搭配，造型太奇特的灯具不适宜。如果客厅天花板较低，可用吸顶灯加落地灯，这样，客厅便显得明快大方，具有时代感。落地灯配在沙发旁边，沙发侧面茶几上再配上装饰性工艺台灯，附近墙上安置较低壁灯，这样，不仅看书时有局部照明，而且在会客交谈时还能增添亲切和谐的气氛。（如图2-1）

玄关过廊可安装小射灯、吊灯或吊顶后依据顶的样式安装荧光灯或筒灯，以起到改善采光、营造氛围的效果。

客厅是全家忙碌一天后休闲放松、聊天聚会的主要地方，也是家庭和谐与人际关系的表征，所以灯光的布置应以温馨为原则。由于现代装潢以卤素嵌灯为主流，若用此种灯饰，可在嵌灯下方加装一块雾面玻璃，能让投射出来的灯光感觉更加柔和。

（二）卧室灯饰风水

卧室属阴，宜方不宜圆，宜静不宜动，宜柔不宜刚（如图2-2），一般不需要很强的光线。为制造温馨和谐稳定之氛围，在颜色上最好选用柔和温暖的色调，有助于烘托出舒适温馨的氛围。可用壁灯和落地灯来代替室内的顶灯。壁灯宜用表面亮度低的漫射材料灯罩，这样可使卧室光线显得柔和，利于休息。床头柜上可用子母台灯，大灯作阅读照明，小灯供夜间安全用。另外，还可在床头柜下或低矮处安上脚灯，以免起夜时受强光刺激。

图2-1

图2-2

（三）小孩房灯饰风水

小孩房的灯饰选择应注意其造型及灯光，独特的造型可以唤起孩子的想象力（如图2-3），切忌直射的长明灯，若用长明灯会造成小孩内分泌紊乱，对其健康成长不利，甚至使小孩出现"早熟"的不良效果。

（四）厨房灯饰风水

厨房属火，宜采用冷色调白光灯，吸顶灯及嵌入式灯具较适合，需要特别照明的地方也可安装壁灯或轨道灯。灯具要安装在能避开蒸汽和烟尘的地方，宜用玻璃或搪瓷灯罩，便于擦洗又耐腐蚀。追求时尚的家庭，可以在吧台、餐厅和书柜处置几盏射灯，不但能突出这些局部的特殊装饰效果，还能显出别样的情调。（如图2-4）

图2-3

图2-4

（五）卫生间灯饰风水

卫生间属水，宜用暖光调黄光灯（对肠胃有好处，如图2-5）或白灯（对肺部有好处，如图2-6）。卫生间因有水管，所以吊完顶后建议用吸

图2-5

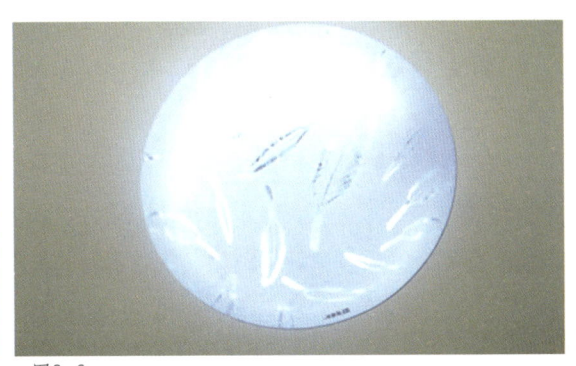

图2-6

顶灯、筒灯或嵌入式灯具，这样可以避免水蒸气凝结在灯具上，影响照明和腐蚀灯具。用冷色灯光或暖色灯光则可依据卫生间的设计风格而定。

（六）阳台灯饰风水

阳台属金，如果阳台空间大，可以在阳台上设置鱼池或水池。除了安装明亮的吸顶灯或户外灯式的壁灯外（如图2-7），还可以在鱼池或水池内安装一支蓝光的水族灯管，帮助增加财运（如图2-8）。

图2-7

图2-8

综上所述，因家居空间功能不同，灯光照明也应有所区别。按《易经》之理，阴阳各有所别。白天属阳，主动主明；夜晚属阴，主静主暗，夜间以休养生息为主，故晚间不宜用长明灯。

科学测定得知，人在凌晨2时，大脑中会分泌降黑素（人体免疫元素），且必须在黑暗的环境中才产生，倘若夜间点长明灯，降黑素的分泌势必受到影响，因此原则上不提倡设置夜间长明灯。

第三节　办公室、居室植物与灯饰风水

一、木子兵法旺风水

植物是自然界的产物，当然需要阳光、空气和水。但随着文明的发展，我们却慢慢远离了自然。为了弥补这一缺憾，我们只好借植物来营造自然的环境。在人为的环境中栽种植物，最难解决的是阳光不足，因此如何布置植物及配置灯饰，就成了木子兵法优化办公室风水的重要课题。

木子兵法认为，植物摆放的方位配以相应的灯饰，在《易经》的阴阳五行应用上，在金、木、水、火、土五行中是有讲究的，这里介绍一个鲜为人知的方法（详见《李氏绿色兵法》九大气场植物优选布阵图）。

如果想拥有健康、美满的家庭，则要将植物摆在东方（木行）；如果想拥有财产、成功，则要将植物摆在东南方（火行）；如果想事业顺利，则建议将植物摆在北方（水行）。

有人认为，木行与金行相克，不宜将植物摆放在西南、东北以及中间位置，其实是不对的。木子兵法认为：属火属土的植物摆放在西南方有利于爱情运；属金属土的植物摆放在西方有利于子女的健康成长；属土属火的植物摆放在宅中位置有利于家庭和睦，家人出入平安；属土属金的植物摆放在西北方有助于贵人运；属金属水的植物摆放在北方有助于事业运；属土属火的植物摆放在东北能旺文昌；属水属木的植物摆放在东方能保全家健康；属水属木的植物摆放在东南方有旺财运；属火属木的植物摆放在南方能旺名誉地位。

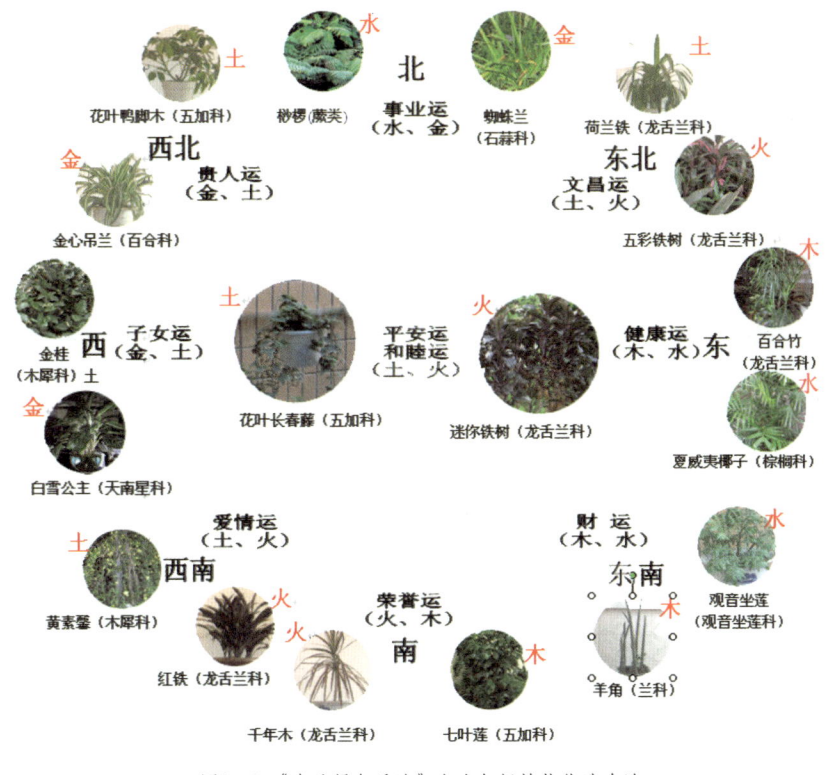

图2-9 《李氏绿色兵法》九大气场植物优选布阵

二、各色花木的配置比例

上班族一天有1/3以上的时间待在办公室里,所以调整出对个人最有利的办公室风水格局是很重要的。风水学其实可算是心理学的一种,也可以说是灵学的一种。花草有灵,放置花草的地方,自然会有灵气产生,树木长得茂盛的地方,代表气也旺。办公室内摆放的花草不宜多,浅绿色(属木)的可以多一点,约占45%即可,其他的花色如粉红色(属火)系占15%、蓝灰深绿色(属水)系占15%、黄色(属土)系占15%、白色(属金)系占10%。若比例分配得宜,办公室的人运和财运才可发挥到极致。(如图2-10)

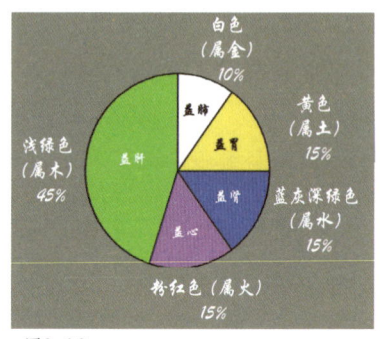

图2-10

三、木子兵法优化办公室风水

(一)适合办公室摆设的植物

1. 万年青(百合科)、铁树、薄荷、龙舌兰、月季、玫瑰、桂花、雏菊等植物,具有吸收空气中有害物质、杀菌除尘的作用,都是办公室的常用植物。天南星科的万年青是有毒的,不宜放在室内。

2. 百合(如图2-11)。多年生草本植物,因为在地下由数十瓣片紧密抱合,有"百片合成"之意,象征团结,因而得名"百合"。其花色洁白、晶莹剔透、芳香幽雅,加上易控制花期,所以成为世界上最知名的花之一。西梁宣帝曾这样赞美百合花:"接叶多重,花无异色,含露低垂,从风偃柳。"百合具有清热、解毒、润肺、宁心等特效,能够提振精神,是办公室风水植物的上乘之选。

图2-11 百合(百合科)

3. 金心吊兰（如图2-12）。能够吸收空气中的有毒物质，这在花卉中是首屈一指的。在新装修的办公室或是空调房里摆一盆吊兰，24小时之内，它便会神奇地将室内的一氧化碳和其他挥发性气体吸收个精光，并将这些气体输送到根部，经土壤里的微生物分解成为无害物质后作为养料吸收。

图2-12 金心吊兰（百合科）

4. 芦荟（水）、龙舌兰（木）、虎尾兰（水）、红景天（火）、仙人球（五行俱全）、仙人掌（五行俱全）等。这些植物白天吸收二氧化碳，晚上释放氧气，并且还能够吸收甲醛等有害物质，生命力也很强，而且容易成活，在室内阳光不足的环境下都能正常生长。

图2-13 散尾葵（棕榈科）

5. 肉桂（五行属火）、幌伞枫（土）。能够优化办公室的气场，让人精神愉悦。它们经灯光照射后，光合作用就会随之加强，此刻释放出来的氧气比无光的情况更强。

6. 散尾葵（如图2-13，属土）。它是室内耐空调植物的先锋，在室内光线不足的情况下也能生长良好，倘若用明可达智能灯照射到财位上，有催财效果。

图2-14 龙血树（百合科）

7. 龙血树（如图2-14，属火）。有利于提高人的办事能力，益智慧，倘若用明可达智能灯照射到财位上，有催财效果。

8. 夏威夷椰子（如图2-15，属水）。旺文昌，用明可达智能灯照射到文昌位上，有提高工作效率的效果。

图2-15 夏威夷椰子（棕榈科）

（二）会破坏办公室风水的植物场

1. 滴水观音（如图2-16，属水）。又名"狼毒"，它的汁液中含有哑棒酶，误服会致哑，接触会引起过敏。近年来，因为一些不学无术的人以调风水为名误导消费者，以致这种植物在酒楼、办公室及居室中泛滥成灾，以为有"观音"之名就能普度众生，殊不知是引狼入室。

图2-16 滴水观音（天南星科）

2. 夹竹桃（如图2-17，属火、金、土）。可以分泌出一种乳白色液体，接触时间长了会使人中毒，引起昏昏欲睡、智力下降等症状，是促癌植物，室内禁止摆设。

图2-17 夹竹桃（夹竹桃科）

3. 龙骨（如图2-18，属木、水）。属大戟科，形态像仙人掌科的霸王鞭。它流出的白色汁液会引起皮肤过敏，是促癌植物，室内禁止摆设。

4. 玉麒麟（如图2-19）。属大戟科，形态像仙人掌科的霸王鞭。它流出的白色汁液会引起皮肤过敏，是促癌植物，室内禁止摆设。

5. 含羞草（如图2-20，属火）。其体内的含羞草碱是一种毒性很强的有机物，人体过多接触后会使毛发脱落。

图2-18 龙骨（大戟科）

图2-19 玉麒麟（大戟科）

图2-20 含羞草（豆科）

6. 紫荆（如图2-21，属火、金）。所散发出来的花粉如与人接触过久，会诱发哮喘症或咳嗽症状。

7. 月季（如图2-22，五行俱有）。所散发的浓郁香味，会使人胸闷不适、呼吸困难。

8. 天竺葵（如图2-23，属火、木）。所散发的微粒如与人接触，会使人的皮肤过敏，进而引发瘙痒症。

9. 郁金香（如图2-24，属火、水、金、土）。花朵含有一种毒碱，接触过久会加快毛发脱落。

10. 黄花杜鹃（如图2-25，属土）。又名"三钱三"，花朵含有一种毒素，一旦误食，轻者会引起中毒，重者会产生休克。

11. 接骨木（如图2-26，属木）。它的气味对人体的肠胃有刺激作用，经常接触不仅会影响食欲，而且会使人心烦意乱、恶心呕吐、头晕目眩。

12. 夜来香（如图2-27，属土、金）。属茄科的夜来香，在晚上会散发出大量刺激嗅觉的微粒，闻之过久会使高血压和心脏病患者感到头晕目眩、郁闷不适，甚至会导致病情加重。但是萝摩科的夜来香不属于此种，不会产生不良反应。

图2-21 紫荆（豆科）

图2-23 天竺葵（牻牛儿苗科）

图2-26 接骨木（忍冬科）

图2-24 郁金香（百合科）

图2-22 月季（蔷薇科）

图2-25 黄花杜鹃（杜鹃花科）

图2-27 夜来香（茄科）

第四节　植物配灯饰可改变风水运势

一般对光有点了解的人都知道太阳光是由红、橙、黄、绿、蓝、靛、紫七种色光组成，但很少人知道，灯光和开运也有着相当的关系。因为外来的光线直接照在脸上，光线本身所带来的颜色便会使脸色产生细微的变化，照在物品上亦会有改变，进而影响到观感。

一、爱情灯。灯照植物矮牵牛（属火），摆放在办公室和居室的东北位能旺文昌，提高学习和工作效率；若摆放在办公室和居室的西南位有助于爱情运，旺桃花。

二、和谐灯。灯照植物矮牵牛（属火），摆放在办公室和居室的中部（太极位）有助于企业和家庭的平安运及和睦运，有利于成员间的和谐共处。

三、好运灯。灯照植物红袋鼠花（属火），摆放在办公室和居室的南方可旺荣誉运，名利双收，行好运。

四、趋运灯。灯照植物三色堇，摆放在办公室和居室的各方，有利于运气提升。

五、文昌灯。灯照植物矮牵牛，摆放在办公室和居室的东北、西南及中央，有利于文昌、和睦、平安、爱情运。

六、正气灯。灯照植物金边虎尾兰（属土），摆放在厕所或者有污染的环境，有利于净化空气、化煞，驱除小人和是非，树立正气。

七、智慧灯。灯照植物矮牵牛（属火），摆放在办公室和居室的中部（太极位），有助于企业和家庭的平安运及和睦运，有利于成员间的和谐共处。

八、权威灯。红掌（又名火鹤花），属水中火。举止文雅，有绅士风度，用白花盘栽种尤益肺，置于办公室或居室西北、西位有助于提高领导之权威；若放会客厅能提升人缘。

九、益肾灯。水培红掌，属水中火，有益于肾脏，宜置于办公室之北，有助于提高财运；放在居室，有补肾壮阳的作用，增加婚姻的安全系数；置于东和东南旺文昌，提高办事与学习效率。

十、财运灯。大岩桐（苦苣苔科），属水中火，放财务室，达到水火共济、提高财运的效果。

十一、扶正灯。紫苏,属水中火,是韩国人日常生活中不可缺少的香草,可在室内用智能灯培植,长期没阳光的环境都可以生长蓬勃。

小贴士

智能培植灯(室内能使植物正常生长的培植灯)

有一种智能培植灯,可以在七彩灯光中加强红色和蓝色波段,构成紫色光波,并模拟日照对植物产生太阳光一样的效能,营造出有生命的灯光,优化室内的气场,使植物进行光合作用,释放出氧气,吸收二氧化碳,即使在阴暗的角落里仍然可以进行正常的开花结果。

灯光深藏着风水的玄机,植物生长是与光波有关的,600nm～700nm波长的红光为植物光合作用的光波;490nm波长的蓝光为植物定向作用的光波。

以上的灯光,内部非常明亮,光亮的空间给人光明、干净舒服的感觉,即使环境陌生,也有较强的安全感,用在居室上也有以下优势。

1. 吸引目光。人类共通的特性是会将目光转移到比较亮的地方,吸收眼波能量的结果,居室的宅气也跟着增强。

2. 布局阵法。充足的灯光是科学的布局方法之一,因为光能也是宅能量的一部分,光子多,宅能量也跟着提升。

3. 吸引人气。由于安全感使然,路过的人会想要进去一探究竟,人气是宅能量的重要指标,可以弥补许多阳宅的先天不足。

长明灯

若居家光线不足,感觉阴沉沉,易有暗病而不知,所以这种居室应放一盏长明灯(24小时均亮的灯称为长明灯),可赶走晦气和小人;若进门玄关处太暗,亦应放一盏长明灯,除可进财外,亦可对小偷有震慑作用。

若住家窗户太多光线太亮,则家人个性阳刚,易有意外之灾、外伤等,且易失眠。此时则应多放下窗帘让室内光线柔和,可减少气散和财散之虑。总而言之,灯光不只是照明而已,还牵涉到您的气色与阳宅能量,好好运用,可让您提升运程。

第五节　不同五行的人配相应的灯饰花木

由于人的遗传基因不同，生命密码有别，因而出现不同的相貌，按面形可分金形、木形、水形、火形、土形。按照面形可配不同的花木与灯饰。

一、金形相貌的人（如图2-28）

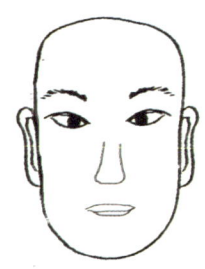

图2-28

（一）外貌特征

金形人面方圆，筋骨健壮，骨坚肉实，面色以白为多，声音铿锵。

（二）性情

金形人性格刚烈，多是刚直侠义，很有义气，有不屈不挠的精神，经失败后可爬起来争取到成功。做事能亲力亲为，不依靠别人，创造力惊人。工作上要注意与上司协调好关系，不要因愤世嫉俗而导致经常转工，但若给贵人赏识的话，必可登上权力高位，成为一个行政人员。故金形旺的人，守法奉公。金形相貌的人婚配宜与土和水形的人，不宜与火形的人合婚。

（三）适合金形人的植物

木子兵法以土旺金植物套餐：

1. 黄槿（Hibiscus tiliaceus L.），属土（如图2-29）；
2. 黄菊（Chrysanthemum morifolium），属土（如图2-30）；
3. 向日葵（Helianthus annus）属土（如图2-31）；
4. 君子兰（Cliva miniata Regel），属土（如图2-32）。

配灯饰白色，属金五行灯，适合生肖属鸡、猴、鼠、猪的人。

图2-29 黄槿(锦葵科)　　图2-30 黄菊(菊科)　　图2-31 向日葵(菊科)　　图2-32 君子兰(石蒜科)

二、木形相貌的人（如图2-33）

（一）外貌特征

木形人面清秀，修长，骨格略柔弱和纤巧，面色带青。

（二）性情

文质彬彬，有创作力，敏感而多情，但有美感。体质不适合做体力劳动的工作，最适合当艺术家、学者。创作力强，做设计师

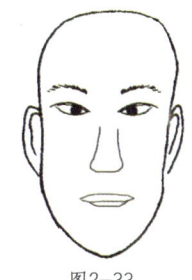

图2-33

便最佳。木形相，相貌瘦而长直，骨节坚硬，腰部细圆，是木形的相格。木为仁的象征，仁者寿也。故得木形之真者，其人多长寿而有仁义，一般来说木形之人较为劳碌，且发迹较迟。木形相貌的婚配宜水形、火形，忌金形。

（三）适合木形人的植物

木子兵法以水木旺之植物套餐：

1. 金钱树（Zamioculcas zamiifolia），属水（如图2-34）；
2. 巢蕨（Neottopteris napina），属水（如图2-35）；
3. 罗汉松（Podocaarpus macrophyllus (Thunb.) D. Don，属水（如图2-36）；
4. 文竹（Asparagus plumosus），属木（如图2-37）。

配灯饰绿色，属木五行灯，适合生肖属虎、兔、蛇、马的人。

图2-34 金钱树（天南星科）

图2-35 巢蕨（铁角蕨科）

图2-36 罗汉松（罗汉松科）

图2-37 文竹（百合科）

三、水形相貌的人（如图2-38）

（一）外貌特征

水形人面圆，肉润滑，色易变。

（二）性情

性格乐观，多主动，少忧虑，但欠缺持久力，多变化而喜欢尝试新事物。水形之人最大特征是一眼望去浑身上下无处不有肥圆之感。其人必是大胖子，头面既圆，耳目口鼻皆圆而饱满。腰和屁股以至手足，处处呈圆满之态。水乃智慧敏达的象征，做事有谋略有成就。工作以流动性大的工作为佳，适合传媒、经纪等行业。水形相貌的人婚配宜金形和木形，忌土形。

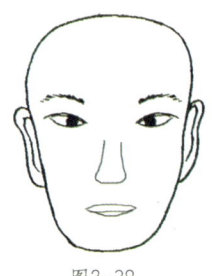

图2-38

（三）适合水形人的植物

木子兵法以金水旺之植物套餐：

1. 金边吊兰（Chlorophytum R. Br.），属金（如图2-39）；

2. 白梅（Prunusmumesieb. Sieb. etZucc），属金（如图2-40）；

3. 酒瓶兰（Nolina recurvata），属水（如图2-41）；

4. 金钱树（Zamioculcas zamiifolia），属水（如图2-42）。

配灯饰蓝色，属水五行灯，适合生肖属鼠、猪、虎、兔的人。

图2-39 金边吊兰（百合科）

图2-40 白梅（蔷薇科）

图2-41 酒瓶兰（龙舌兰科）

图2-42 金钱树（天南星科）

四、火形相貌的人（如图2-43）

（一）外貌特征

火形人面形以尖为主，色红，肉嫩。火形人头长而宽阔，下宽上尖，须发眉赤色，声带沙哑粗犷，骨俱露，齿不露，耳坚露廓，鼻亦上翘。火为礼之象征，故火形人能守礼教，知书达礼。

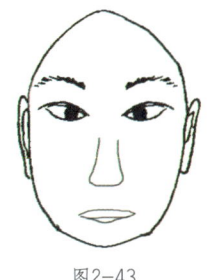

图2-43

（二）性情

火形人性情急躁易怒，但一鼓作气可克服一切困难，做事既快且准，凭那份狠劲可建立也可破坏一切。在四时活动中，按时令有所变。春令得势，谋事成遂；夏季火旺，宜与从事地产饮食行业的人打交道，秋来食禄明，谋事顺利；冬水克火教化乐营谋，宜谨慎行事。火形相貌的人婚配宜木形和土形，忌水形。

（三）适合火形人的植物

木子兵法以木火旺之植物套餐：

1. 杨桃（Averrhoa carambola L.），属火（如图2-44）；

2. 牡丹（Paeonia Suffruticosa），属火（如图2-45）；

3. 五彩铁树（Cordvline fruticosa），属火（如图2-46）；

4. 炮竹红（Russelia equisetiformis Schltdl. & Cham），属火（如图2-47）。

配灯饰红色，属火五行灯。

图2-44 杨桃（酢浆草科）

图2-45 牡丹（芍药科）

图2-46 五彩铁树（龙舌兰科）

图2-47 炮竹红（唇形科）

五、土形相貌的人（如图2-48）

（一）外貌特征

土形人皮肉厚实，色土黄，骨粗。浑厚深重，头方面大，龙鼻口阔唇厚头溢，颈短背高，肉实骨重，颜容黄色，声音洪亮。

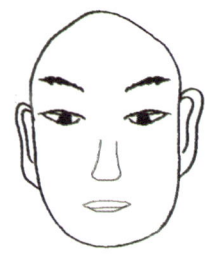

图2-48

（二）性情

土形人性格厚重，端正而守信，刻苦耐劳，善谋策划，心地善良，宽宏大量，大福而长寿。工作以商人职业为好。四季分析：春季克来得官贵，利升迁；夏令生进骨健强，谋事顺利；秋来泄局防退败，谨防意外之灾；冬至财富归满堂，有所收获。土形相貌的人婚配宜火形和金形，忌木形。

（三）适合土形人的植物

木子兵法以火土旺之植物套餐：

1. 万寿菊（Tagetes erecta），属火（如图2-49）；

2. 苦苣苔（Gesneisa cuneifolia），属水中火（如图2-50）；

3. 红继木（Loropetalum chinense），属火（如图2-51）；

4. 红果仔（Eugenia uniflora L.），属火（如图2-52）。

配灯饰黄色，属土五行灯，适合生肖属牛、龙、羊、狗、鸡、猴的人。

图2-49 万寿菊（菊科）

图2-50 苦苣苔（苦苣苔科）

图2-51 红继木（金缕梅科）

图2-52 红果仔（桃金娘科）

小贴士

日光灯管

传统的日光灯管是所谓的"昼光色",在没有比较的情况下,会认为是无色,和太阳光没什么两样,但实际上它是偏绿的,这用在绿色蔬菜或水果的照明是相当不错的选择,可使其色感变强,翠绿而娇艳欲滴,适用在蔬菜档口及水果档口。但是用在室内却会让人脸上蒙上些微的绿色,与个人需要的好气色有不小的差异。

太阳神灯管

"三波长太阳神灯管"与日光灯管构造完全一样,更换时继续沿用旧有的灯座即可。太阳神灯管的颜色更接近太阳光,更可取的是颜色有点偏红,对气色的红润是有帮助的。因此建议您将座位上方的灯管换成对您有帮助的灯管,让您有"好脸色"。

第三章　运动与花木风水

绿茵场上草青葱，植物精气人相通。
花草可旺运动场，多夺金牌建奇功。

生命在于运动，而运动场就是生命场，木子兵法用植物场组织生命场激旺运动场，提高运动场的质量。

第一节　运动建场讲究风水科学

运动建场讲方向，南北走向为吉祥。
若是风水摆错位，阳光射眼输半场。

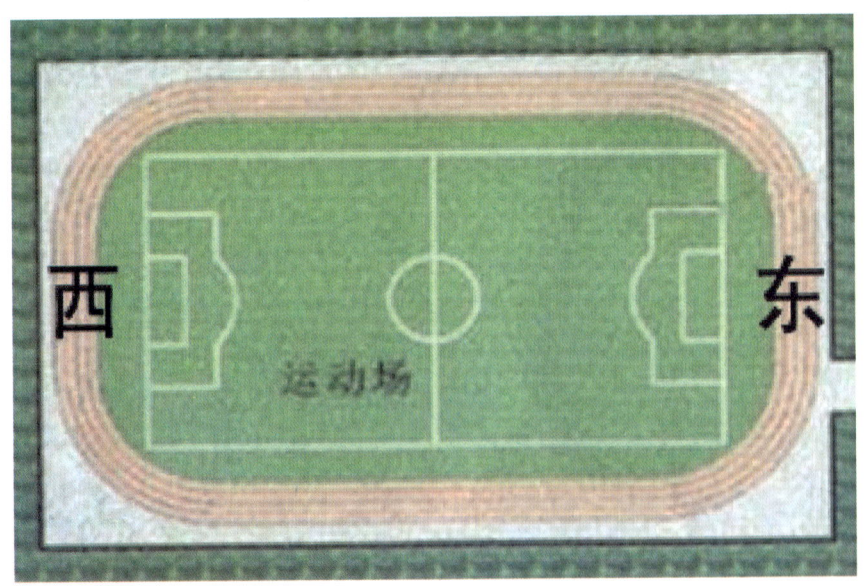

图3-1 大连市足球场位置示意图

第16届世界杯足球赛亚洲区决赛，中国队主场定在大连。

大连市有两个足球场，一个是花了几亿元人民币翻修一新的大连市人民体育场，能容纳观众8万人。另一个是县级的金州体育馆，容纳观众3万人。无论是体育场的设施，还是容纳观众人数，前者明显优于后者。然而出乎意料的是，主场最终却定在金州体育场。这是什么原因呢？

其中最主要的原因是金州体育馆是坐南向北，其朝向更符合国际足联的要求。那么，国际足联为什么要求比赛场地南北朝向呢？

南北朝向的体育场，中午12时以前，太阳光从东面向西面照射。12时以后，太阳光从运动场的西面向东面照射，对于自北向南或自南向北跑动的运动员来说，都是"侧光"，从而避免了阳光直射入眼。但若运动场是东西走向，上午，太阳光就会直接照射西向东的运动员的眼睛，使运动员看不清前面的情况，甚至使运动员的眼睛受到伤害。而西面物体所产生的反射光线，也会使面向西的运动员产生目眩。在下午，情况正好相反。这样不仅会影响比赛成绩，也会给场上的裁判员带来许多不便。因此，国外在修建体育场时，总是将体育场的纵轴线顺着南北方向，可最大限度地避免太阳光直射和漫反射引起的晃眼、刺眼等不利因素，使比赛更为激烈、精彩。

从上可知，体育场的建造是要讲风水科学的。

第二节　木子兵法旺运动场

第九届全运会黄村基地生命场的建造，是应用木子兵法的精气激发法。科学生命场的建造乃本设计的要旨，建立一个优秀的运动场，可以激励运动健儿为国争光。

一、运动场现状

本设计特点是在8万平方米的运动场绿地中，包含四大运动场，即棒球场、垒球场、人造草曲棍球场、土曲棍球场。

因本场地势较低，水位较高，日灼厉害，人的视力在缺乏绿色的环境中易疲劳，因此要抓紧春季进行绿化。

二、对策

不是随意栽几行树就算绿化了，而是应用绿化生命场的造场理论，采取天人合一、阴阳和合及中医的五行理论，以利于运动员有效地发挥他们的竞技状态，创造优异成绩。

三、布阵原则

（一）以绿制黄，用植物材料41个，乔木21个，灌木19个，种草1750平方米，扯掉"黄袈裟"，披上"绿衣裳"。

（二）动静结合。

（三）选材慎重。

（四）阵法不同。

1. 棒球场东以水石榕（属水）配美丽针葵（属水），东南以树冠大的小叶胭脂（或吊瓜木）护阴看台，配以香花的白兰和属木的珍贵桃花心木。

2. 垒球场以常绿、松柏（属水）配香花植物米兰（属土），对肠胃、腰肾有保健作用。

3. 人工草地曲棍球场边配以高档的竹柏（属水），北边风大故植短穗鱼尾葵（丛生，属水）以抗西北风，防杂草。

4. 土曲棍球场东边和北边栽有特色的假槟榔（属水），间以常绿开香花的山瑞香（属金），对肺部、腰肾和眼睛有保健作用。

综上所述，本设计体现了生物场造园的特色，通过高质量的选材与施工，将黄村体育培训基地建设成一个美丽、实用、风光如画、生机蓬勃的绿色场地。

第九届全运会黄村训练基地

▲用尖叶杜英（属金）为垒球场组的生物场　　▲用属水的竹柏为人工草地曲棍球场布阵

建设有益于运动员、提高运动竞技的生物场

▼用水生木组场的一角　　▼用属木的大叶油草铺砌天然草地的垒球场

用植物组织运动生命场一例

图3-2 第九届全运会黄村基地按植物五行布置种植造场平面图

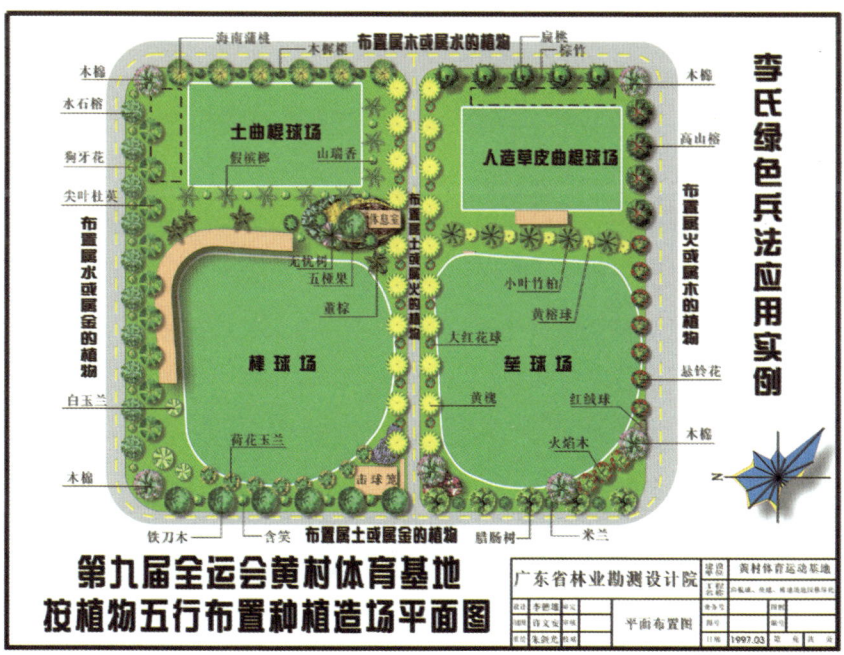

图3-3 第九届全运会黄村基地实拍图

第三节　木子兵法旺运动场之布阵实例

园林设计易为魂，点木为兵布阵新。
阴阳五行天人合，木子兵法妙如神。

一、适合选用的植物

运动场地大，植物选用就要以乔木为主，灌木为辅，在运动场边种植树干高大、覆盖面大的大树。如：属水的南洋楹、属金的尖叶杜英、属木的黄梁木（团花）、属火的凤凰木、属土的大花第伦桃。这些材料没有刺，枝下高，不妨碍运动视觉。

二、具体的布阵方法

（一）属水的植物益运动员的肾，栽于运动场的北位。

（二）属金的植物益运动员的肺，可提高肺活量和增强呼吸道的抵抗力，栽于运动场的西位。

（三）属土的植物益运动员的胃，可提高消化系统的功能，栽于运动场的东北、西南位。

（四）属木的植物益运动员的肝，有利于眼睛明亮和应变能力强，栽于运动场的东、东南位。

（五）属火的植物益运动员的心脏，提高他们的竞技活力，栽于运动场的南位。

（六）有毒植物不适宜栽或摆放在运动场及运动场附近。

第四章　商场酒楼的花木风水

酒楼风水讲究多，风水不好费蹉跎。
要想酒楼人气旺，园林风水绿婆娑。

第一节　商场酒楼的装潢

一、店铺招牌

店铺招牌风水装潢是非常有讲究的，招牌的大小、颜色、质料甚至字样，都和店主的生辰、店面的风水格局及店面周围环境有着密切的关系。

招牌的颜色与职业有关，讲究五行五色，与店主的生命密码有着密切关系。如店主五行缺火，招牌宜用红色；咖啡厅宜用西式招牌，不宜用中式招牌。招牌的颜色讲究相生相克。如黑色的招牌忌用红色的字体，因为火水相克。

二、财位

按照当今港台流行的风水术，一般是采用飞星法飞出每年的当旺财位，然后在风水上进行处理。但飞星法的最大麻烦就是每年每月甚至每天的财位都不相同，这就给用户带来很多不便，显得无所适从。依照"八宅派"法则，可相对简单地定出财位，位置就在进门对角线所指的角落。一般说来，财位宜亮不宜暗。

三、炉灶的放置

炉灶是酒楼的关键，而炉灶的放置又是风水中的关键，依照中国传统"家相学"的说法，炉灶放置的基本法则是：坐凶向吉。也就是说，炉灶应放在凶方，而炉灶的开关应朝向吉方，这几乎是炉灶放置的唯一法则。

四、忌开不吉之门

无论是商场或酒楼，任何建筑物内总会有一些不吉的区域，在中国传统的"家相学"中，称之为"鬼门线"，具体指的是从西南到东北贯穿整个建筑或房间的一条15°的区域，这条区域与其说是不吉，不如说是大凶来得更加贴切。在这个区域内绝不可设置大门，不然就成了实实在在的"鬼门"了，属于大凶之宅。如果商场酒楼的大门正好位于鬼门，也不要担心，以下3种方法可以帮到你。

（一）最好废弃此宅不用，以免日后的麻烦（如生意不好、亏本等等）。

（二）如果条件允许，可将位于"鬼门线"的大门封闭，另觅吉位开门。

（三）如果实在没有办法，可在门口放置一对苏铁或石狮，以求吉祥。

五、鱼缸的放置

在风水中鱼缸是用来旺财之物，就是说鱼缸应该放在北、东和东南向吉位的位置，但目前的许多饭店，在店面中往往放置鱼缸，那么最基本应该注意以下几点。

（一）鱼缸中的水面总高度不要超过1.8米，因为水位过高，有灭顶之灾的说法。

（二）鱼缸中要用活水，而且水要从最上面的一层向下流动。

（三）鱼缸应放置在吉位。

六、卫生间

卫生间在风水上要求压在凶方，这在处理上是相对比较简单的，但如果是多层的饭店就要注意，切不可让楼上的卫生间压在楼下的收银台上，或压在办公室、厨房等重要部门之上，不然会产生许多不良后果。

七、神位

神位的三要素：关公是武财神，要面向客人；赵公元帅是文财神，要背向客人；观音是求吉祥，不宜向餐桌（吃素守斋）。观音和赵公元帅不宜向大门。神位均不宜向厕所。

八、屏风设置

有些酒楼有两个层面，而且有许多两层或多层的酒楼，楼梯往往会对着店门，这是典型的漏财相，解决的方法是在店门和楼梯口之间放置屏风，或者用植物屏风更好。

第二节 适宜于商场酒楼的园林风水
——黄色园林

> 黄色园林黄金金，精气尤旺O型人。
> 气场温和益脾胃，唇齿馨香有食神。
> 金茎黄花黄色根，五行属土味甜甘。
> 茶楼酒馆布金林，生意如火客如云。

黄色的花、叶、根茎、树皮、汁液，味甘，五行属土，如黄菊花、金桂、含笑、米兰、姜黄、黄栀等，能养唇固齿，有利于肠胃，增进食欲。茶楼、餐厅和酒吧如用绿色的园林布置，客人容易久坐不走，影响餐座的周转；如用黄色园林布置，则能使人食饱走快，有效提高运转率。黄色园林对O型血之人特别有益处。在财位上放置一些属金或属土的植物可起到催财的作用，但不能放置仙人球、仙人掌一类带刺的植物。

第三节 如何选择旺财的商场酒楼

山管人丁水管财,商场酒楼要旺财。
首先要看流水向,水法得法人气旺。

选场主要看水法,有先天水来到的商场酒楼是旺财的。堂前门口滴水处是立太极之定点。

一、坐北向南

如在西方有一条巷子或马路经过你的商场酒楼门前,即是先天水到,人气会很旺。然其西方之来路的地面,应高于商场酒楼堂前之地面(可观下雨天之流水即知,或看下水道之流水)。如果在西方有汽车道路顺着你商场酒楼的堂前开过来,也算是先天水到(若是双向车道,以贴近你商场酒楼这一线的车道为准)。

二、坐南向北

如在东方有一条巷子或马路经过商场酒楼门前,即是先天水到,人气会很旺。然其东方之来路的地面,应高于你商场酒楼堂前之地面(可观下雨天之流水即知)。如果在东方有汽车道路顺着你商场酒楼的堂前开过来,也算是先天水到(若是双向车道,以贴近你商场酒楼这一线的车道为准)。

三、坐东向西

如在东北方有一条巷子或马路经过商场酒楼门前,即是先天水到,人气会很旺。然其东北方之来路的地面,应高于你商场酒楼堂前之地面(观下雨天之流水即知)。如果东北方有马路顺着商场酒楼的堂前开过来,也算是先天水到(若是双向车道,以贴近你商场酒楼这一线的车道为准)。

四、坐西向东

如在东南方有一条巷子或马路经过商场酒楼门前，即是先天水到，人气会很旺。然其东南方之来路的地面，应高于你商场酒楼堂前之地面（可观下雨天之流水即知）。如果在东南方有汽车道路顺着你商场酒楼的堂前开过来，也算是先天水到（若是双向车道，以贴近你商场酒楼这一线的车道为准）。

五、木子兵法之旺财调风水之法

（一）向北商场酒楼聚水处摆放属水属金的植物花木。
（二）向南商场酒楼聚水处摆放属木属火的植物花木。
（三）向东商场酒楼聚水处摆放属木属水的植物花木。
（四）向西商场酒楼聚水处摆放属金属土的植物花木。
（五）向西北商场酒楼聚水处摆放属土属金的植物花木。
（六）向西南商场酒楼聚水处摆放属火属土的植物花木。
（七）向东北商场酒楼聚水处摆放属火属土的植物花木。
（八）向东南商场酒楼聚水处摆放属水属木的植物花木。

注：所谓聚水处是指传统风水学讲的零堂位（流水的出水处）。

第四节　花木可以改变商场风水

一、植物能量的作用

自古以来，有关于植物吉凶的传说很多，像开红花的桃花、玉堂春和茶花，开紫色花的紫薇、紫玉兰，开白色花的木莲、木兰、栀子，对生意都大有影响，柳树除了在风月场所外其他地方都不适宜。但我认为这些传说是没有根据的，不管任何树（除了有毒的植物外），应该越多越好，因

为人呼出二氧化碳，吸入氧气，植物进行光合作用时吸入二氧化碳，呼出氧气。植物有生物场能，能够杀菌净化空气。植物的五行不同，可以对人身体的各个器官疾病进行调治，还可以调整人的心态，降低犯罪率，有利于国家的长治久安。人和植物是共存共荣的，所以植物对人的贡献，不只是用来欣赏，在生理上的帮助更是重要。

所以没有不种树的理由，尤其在空气污染的城市里，植物的能量场使人提高智慧和运气。植物场的质量优劣高低，反映出一个国家、一个城市的文化修养、文明程度及科学水平的高低。

在空地应多种些罗汉松（属水）、竹柏（属水）、铁冬青（属木）、厚皮香（属木）、桃树（属火）、木棉花（属火）、橄榄树（属木）、白兰（属金）、黄槐（属土）、蒲葵（属水）、枫树（属火）、梅（属火）、竹（属木）、珊瑚树（属木）、百日红（属火）、黄杨（属木），只是太密会阻碍空气流通，过与不及都不好。应有层次高低，配合阴阳生克五行科学地适量适地按木子兵法阵法栽种。

在室内，除了有毒的植物外，都可以摆设，像鸭脚木、时来运转、荷兰铁、龙血树、千年木、福禄桐、花叶竹芋、酒瓶兰、散尾葵、棕竹都是不错的选择。九里香、含笑可轮换摆在厕所、净化槽等不净的地方，放在人多出入之地及古人所说的"鬼门方位"，都能改变气场趋吉避凶。如果摆在商店的东南最吉方的玄关，也能强化吉相，植物不论在哪里，都是吉祥象征。

并非所有的植物都适合摆设，根据我的经验，有毒的夹竹桃、闹羊花、铁海棠、变叶木、灰莉、尖尾枫和花叶万年青等天南星科、马钱科和夹竹桃科等有毒的植物不宜放在室内。香港街头摆卖的风水书说"树皮牢牢包住，树汁不会流出的花草不宜栽种"，那不是科学的。还说"海藻、苏铁、芭蕉、棕榈类、柳树及会结果的树，少用为宜"，那也是没有科学根据的。有风水先生说"柳树不适宜栽种的原因，是柳树总给人一种阴森森的感觉，会使生意一蹶不振，大树会把地内的热量夺去……"，这也是没有科学依据的。在水边栽柳树可增加活泼的生机，讲栽柳树会影响生意，那简直是无稽之谈。

风水还有一说："不管多么好的树，只要是寺庙内的灵木，或是神木，绝不可在自己家中种植，否则会改变家中风水，而成衰运。"笔者认为，把寺庙的树木移走，古人持反对态度是对的，从现代科学来说损公利私、损人利己的事也是不应该做的。

二、有关树木的吉凶传说

（一）说法一

种会开红花、结红果的树，是淫乱之象，会沉于酒色，在外金屋藏娇。笔者认为，红色的花结红色的果五行属火，与淫乱酒色无关，与金屋藏娇更搭不上因果关系。

（二）说法二

在房屋西北种植会开白花的树，主人会晚归，花钱毫无节制。笔者认为，开白色花的树五行属金，栽在西北方乾位是对号入座，对屋主人的肺部有补益作用。这与主人的浪荡行为无关。凡属作风的问题应以阳阴正反的思想教育方法，循循善诱，可望春风化雨。

（三）说法三

在医院门口种植竹子，会被认为是医术不好的医生。笔者认为，竹子五行属木，只要不正对门口种植就毫无问题，对正门口犯了古人讲的"门口有木多闲困"之忌，会造成微粒子波干扰，不是好气场。

（四）说法四

在东南方种植一棵茶花，名声会提高。笔者认为，东南方是巽木之位，茶花是属水的，水生木是有好气场，但这跟人的名声没有关系。

（五）说法五

为了避免"鬼门"的方位，榆树最理想。笔者认为，世上是没有鬼的，古人所谓的"鬼门"是指东北西南那条线，榆树五行属木，又是常绿植物，可挡东北的寒风，在东北方栽种榆树是合理的，是适树适地之举。

除此之外，其他有关树的传说不必盲目信之。

近年国内有些风水师在报上发表文章说：在楼盘、小区中不宜栽种棕榈科植物，认为会引起大风吹，会把叶子吹烂……又告诫人们不要在室内放置仙人掌，因为会"引煞"、"引邪"等等。

笔者认为，这些都是不懂植物属性不懂阴阳五行的不科学说法。因为棕榈科植物五行中属水，它是聚气的植物，抗风能力很强，根本不会引起大风吹，更不怕吹烂叶子；至于仙人掌放室内会引煞招邪，更是无中生有。须知道仙人掌原产墨西哥，在炎热沙漠的恶劣环境中，为生存，把蒸腾耗水的叶子变成刺，白天进行呼吸作用，晚上进行光合作用，放出氧气，如放在室内，是很好的空气调节器。所以，人们可以把仙人掌放在室内，不用怕"鬼邪"。

香港有本书，教人把有毒的花叶万年青（百合科的万年青除外）、黄金葛和"一帆风顺"等天南星科气场不好的植物放入居室之内以化煞驱邪，此无知之说一直反复误导人们多年，竟无人知晓，无人制止！

目前不少国内外的酒楼、写字楼或企业的老板，请我去勘察环境质量，发现"绿色风水"的质量均偏差，尽管花木满楼，可是都盲目引进一些有促癌性的花木，如铁海棠等大戟科、天南星科和马钱科等有争议的植物；又如花叶绿萝、万年青、滴水观音（天南星科）等含有哑棒酶毒液，小孩不慎吞咽后可引发咽喉水肿，甚至失音致哑的植物。在此奉劝园林工作者、绿化设计者及朋友们多学一点"绿色风水"，多了解一点植物习性，这对我们美化环境、提高环境的质量大有裨益。

第五章　木子兵法与汽车

第一节　汽车风水的科学依据

现代气象学认为，气温、湿度、气压、水分、降水和日照是反映自然气候的六个最基本的气象要素。传统中医则依据"天人合一"的理论，把自然气候要素定为"六气"，也就是风、寒、暑、湿、燥、火，同时还规定：如果自然气候因为发生反常的或者急剧的变化，超出人体所能适应的范围，则"六气"就可以称为致病的"六淫"。汽车风水是以《易经》的"天人合一论"为依据，使汽车在行进中通过不断调整求得平衡。

一、空气的湿度对人体健康的影响

试验表明，50%～60%的相对湿度时人体最为舒适，也不容易引起疾病。空气湿度过大或过小都对人体健康不利。湿度过大时，人体中一种叫"松果腺体"会分泌出大量的松果激素，使得体内甲状腺素及肾上腺素的浓度相对降低，细胞就会"偷懒"，人就会感到无精打采，萎靡不振。但湿度过小时，蒸发加快，干燥的空气容易夺走人体的水分，使人皮肤干裂，口腔、鼻腔黏膜受到刺激，出现口渴、干咳、声嘶、喉痛等症状，极易诱发咽炎、气管炎、肺炎等病症。当空气湿度高于65%或低于38%时，病菌繁殖滋生最快，所以，在汽车行进的过程中，要不断调整车内的湿度。当相对湿度在45%～55%时，病菌的死亡率较高，相对来说，对人体的健康也最有益。

二、空气的温度对人体健康的影响

按照最科学的说法是，汽车内最合适的温度是22℃～24℃，因为人体温度37℃乘以0.618就是22℃～24℃。这里面有一个美学的意义，因为0.618就是黄金分割的比例，与人体自身温度相乘之后就是对人体最佳的温度。

三、汽车内的空气污染

2008年6月5日，一对裸体男女被发现死于一辆桑塔纳轿车里。据警方分析，出事时，两人在密闭的轿车内开着空调做爱，因轿车所停的车库通风不好，发动着的轿车尾气排放不畅，最终致两人一氧化碳中毒身亡。在这个案件中，一氧化碳是致命的勾魂使者。

不少年轻人追求新鲜刺激，喜欢在私家车里做爱。但值得提醒的是，车内并非适宜做爱的好场所，因为车内有索命的"第三者"——一氧化碳！

车内哪来的一氧化碳？

汽油充分燃烧时主要产生二氧化碳和水，释放出能量；但在不充分燃烧时，会产生一氧化碳。一般来说，汽车在行进中汽油会充分燃烧，产生较少的一氧化碳随尾气排出车外。但如果在车辆停驶状态下长时间开空调，发动机运转燃烧不充分，产生的一氧化碳就会增多，而且停驶车辆排气系统欠通畅，此时产生的一氧化碳容易泄漏到车内，车内空间狭小密不透风，一氧化碳便可在车内聚积增多。

小贴士

如何防止车内中毒

一、如果天气不是过冷或过热，行车时就不必全密闭。应尽量不开空调，车窗留有缝隙，使车内空气流通。如果寒冬或炎夏必须开空调行驶，也要避免长时间开着空调，应定时开窗换气，排除车内污染气体，停车即关闭空调。

二、新车头半年内应多开窗以保持车内通风，尽量使有害气体挥发。选择绿色车内装饰材料，避免车内的甲醛、苯等有害物质的污染。

三、车内不吸烟，尽量少用车用香水。因为许多香水都是化学合成品，本身就带有一定的污染性。

四、定期对汽车进行全面检修，空调车应特别注意检测是否有漏气处，防止由于汽车漏气所造成的一氧化碳中毒。

五、不宜在车内做爱，更不可在密闭车内过夜。

六、驾车人与乘车人如有头晕、恶心、呕吐、四肢无力等不良症状，不要只考虑到是晕车，应想到可能是车内空气污染导致中毒，应及时开窗通风，呼吸新鲜空气。

四、汽车花木风水兵法

木子兵法认为，汽车内不应放置香水、樟脑等物。虽然香水有香气，可以提神醒脑，但是会造成新的污染，坏处更多，对人体健康不利。建议按车主的生命密码摆一些新鲜花在车内。如车主缺金，就要补金，用小花碟摆放白兰花（如图5-1）、百合、佛手（如图5-2）、柠檬、银桂花；如缺土，肠胃不好，应摆放含笑（如图5-3）、米兰（如图5-4）、金桂花；如缺火，应摆放红玫瑰（如图5-5）、薰衣草（如图5-6）、迷迭香；如缺木，应摆放香竺葵、墨兰（如图5-7）；如缺水，应摆放勿忘我（如图5-8）。

如果有孕妇，则勿放扁柏，以免引起妊娠反应，使孕妇呕吐。如果汽车内湿度过高，应摆放活性炭或茶叶以吸湿。

图5-1 白兰花（木兰科）

图5-2 佛手（芸香科）

图5-3 含笑（木兰科）

图5-4 木兰（棟科）

图5-5 红玫瑰（蔷薇科）

图5-6 薰衣草（唇形科）

图5-7 墨兰（兰科）

图5-8 勿忘我（紫草科）

第二节　有趣的汽车车牌

在笔者的《木经系列丛书》之三《人居花木风水》中，曾向读者作了有关汽车风水的颜色的论述，现在又把有关汽车车牌数字凶吉的密码告诉大家。这是笔者最新的研究成果，供大家分享学习。

从《易经》先天八卦图（如图5-9）和八卦生成图（如图5-10）可知数像有天机，汽车车牌要阴阳搭配，不能纯阳或纯阴。按照《易经》的思维，万物都有它的信息，同样，车牌也有它的含义。

表5-1　汽车车牌数字含义参照表

数字	代表卦象	代表意义
1	乾一	代表汽车的车头
2	兑二	与车灯、车门有关
3	离三	代表火，与汽车的电器、电路有关
4	震四	与汽车的防震系统有关，四在《河图洛书》中是为金，故又代表汽车的机械部件
5	巽五	表示风是动态东西，《河图洛书》中五为土，在中宫，代表汽车的底盘
6	坎六	表示为水，故与汽车的水路、油路、冷却系统有关
7	艮七	表示走动的意思，与汽车的轮子有关
8	坤八	要注意汽车的安全，注意防盗
9	乾	代表车头
0	坤	亦可为土，有加强之意，须防盗窃，加强安全措施

图5-9

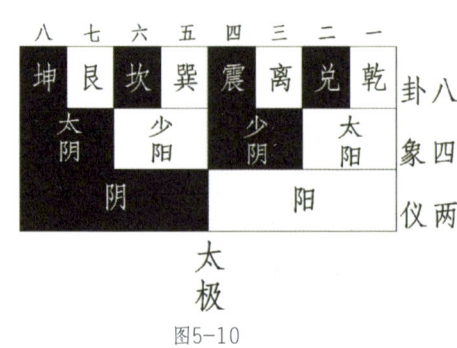

图5-10

这是笔者数十年来的研究成果，也与不少车友进行过探讨与交流，不断积累经验。日前在粤宝汽车公司讲授汽车风水，话题新鲜，令颇多听众产生了浓厚的兴趣。

第三节　破除数字迷信

现在很多人认为8是"发达"的意思，不惜用高价来买车牌；有的人忌4，认为是"死"，很怕自己选到带4字的车牌。

其实4跟"喜"是谐音，代表喜欢的意思，喜事连连。

8与4本身不带有吉凶的意思，8与4在《河图洛书》中分别代表木与金，但当4与8组合起来时，金木相克，就不是和谐的信息，再加上与主人生命密码相结合，那就带有很强烈的信息，含有凶吉之论。但笔者在此反对迷信的讲法。

8，单独存在的时候它是进行中的状态，譬如小船出海，可以乘风破浪，到达光辉的彼岸，也可以沉舟覆没，可算是凶吉未卜的未知数。

8与8重复出现的时候，是否定与再否定的意思，好可以变不好，不好可以变好。

3个8重复出现的时候就是大凶，不是"发发发"，而是"煞煞煞"，但我们国土疆域辽阔，谐音各地不同，凶吉各有定论，这是一种民俗文化的现象，也含有一定的心理暗示。但在《易经》哲理看来，它只是一种信息科学，我们不能随便对数字的谐音给予封建迷信的定论。

愿朋友们能选上一辆心仪的平安车，选上吉祥的车牌，走上万里的平安路。

车牌连续有几个8的车，不一定是发财，真的要发财，要看车主的运气，才可以定凶吉。

车牌连续有几个4的车，不一定是凶，亦可能是喜。祸福焉知，要看车主的运气。

第四节 汽车购买和使用的易理知识

一、汽车颜色的五行

人生在世,有很多事物,都可以或多或少地影响个人运程。俗语所谓:一命二运三风水。命与运是很难或可以说是无法改变的,但风水是补救命与运的一种特效药,如能适当地运用它,确实是可在某种程度上对命运有所改善。

很多人都会关心自己的居住环境和家居风水,甚至有些人希望死后可利用风水使后人得益。但却有很多人忽略了汽车内的风水问题。其实,这亦是一个很重要的环节,因为汽车内风水的好坏,可以直接影响人的生命和财富。

我们居住的世界,可以称为五行世界(即金、木、水、火、土),因为所有事物都是由五行组成的,每一个人都受着五行的生克制化影响,所以,每一个人都有某个五行的喜与忌。

(一)喜金的人

应驾驶白色或金色的车,车内的布置亦要多采用白色或金色。

(二)喜木的人

应驾驶绿色的车,车内的布置亦要多采用绿色。

(三)喜水的人

应驾驶黑色或蓝色的车,车内的布置亦要多采用黑色或蓝色。

(四)喜火的人

应驾驶红色或紫色的车,车内的布置亦要多采用红色或紫色。

(五)喜土的人

应驾驶黄色或咖啡色的车,车内的布置亦要多采用黄色或咖啡色。

二、车内忌摆放的装饰物

除了颜色的兼顾外，同时亦要注意汽车内的摆设，人的生肖不同，在车内摆放装饰物也有讲究。

表5-2 十二生肖的车内摆设宜忌

生肖	宜摆设	忌摆设
鼠	龙、猴、牛	马、兔、羊
牛	鼠、蛇、鸡	羊、马、狗
虎	马、狗、猪	猴、蛇
兔	猪、羊、狗	鸡、鼠、龙
龙	鸡、鼠、猴	兔、狗
蛇	牛、鸡	猪、虎
马	狗、虎、羊	鼠、牛
羊	猪、马、兔	牛、狗、鼠
猴	鼠、龙	虎、猪
鸡	牛、蛇、龙	兔、狗
狗	虎、马、兔	龙、牛、羊
猪	虎、羊、兔	蛇、猴

三、生肖与交通意外

总的来说，交通意外大多数是由五行中的金与木交战而造成，适当的颜色可以增加自己的运程，使交通意外的严重性减低；不适合的生肖动物摆设会冲犯了驾车者的根基，增加交通意外的成因。

凡是生肖属鼠或属猪的人，发生交通意外的机会相对会比其他生肖的人少，或其严重性会比较轻。

凡是生肖属虎、兔、猴、鸡的人，发生交通意外的机会相对会比其他生肖的人多，或其严重性会比较重。

生肖属虎或属兔的人，除了不可以在车内放属猴或鸡的物品外，亦不

可摆放与金属有关的装饰物。凡生肖属猴或属鸡的人，除了不可以在车内放置虎或兔的物品外，亦不可以摆放与木有关的装饰物。

四、如何趋吉避凶

交通意外的大多数是由五行的金与木交战而成，只要我们多采用"水"，就可以把金木交战的程度化解或减轻。那么我们怎样在汽车内多采用"水"呢？最简单的方法，就是在行车时要把冷气开着，因为冷气是属"水"，当然不可把温度调得太低或风速太高。

在行车时，不可把音响调得太高，因高音或噪音会形成金煞，很容易增加交通意外。

若要清楚自己的个人五行喜忌，必须了解自己的生命密码。

最近，流行有人在车内挂放伟人像或吉祥物，这亦是一种祈福的方法。笔者认为，开车的人时刻要记住珍惜自己的生命，要保持良好的生活习惯，切忌疲劳和酒后开车，多做善事，保持良好心态，方能车行万里平安路。

说明：

除了本章对汽车风水的论述，笔者还有对汽车色彩选择的凶吉探讨，见《木经》系列丛书之三——《人居花木风水》P.198～P.200有专门的论述，在此不赘述。

第六章 木子兵法旺婚姻

第一节 木子兵法与婚姻家宅风水的紧密联系

夫妻相爱两心知，植物气场尤特殊。
心心相印有章法，妙用合欢连理枝。

绿色植物与婚姻家宅风水，听起来好像难以把二者联系起来。一般来说，在人们的记忆当中，总体上只知道少许植物蕴含着某种特殊的意义，如寓意婚姻美满及爱情永恒不变的合欢花（如图6-1）、连理藤（如图6-2），代表着两人心心相印及象征幸福安康的马蹄莲、球兰（如图6-3）等。然而，经过笔者多年来的探究、总结与实践证明，以木子兵法从另一个崭新的视野来诠释，原来，在我们每天的生活之中，那给予人们清爽、新柔，几乎无处不在的绿色植物，还拥有着那么一股神奇的力量——特殊植物气场，它可以时刻影响着夫妻之间的关系。

木子兵法认为，绿色植物不仅是健康与活力的代表，它更是和平、和谐与生命的保护神。特别是在夫妻之间的感情生活世界里，它所起到的神奇作用更加是微妙至极。夫妻的结合是心灵的选择，是缘分的经营，更是阴阳的配对，从而为人们情感的世界增加了一道道亮丽的"情感风景

图6-1 合欢花（豆科）

图6-2 连理藤（紫葳科）

图6-3 球兰（萝摩科）

线"。在家里或者在寝室中摆放相对适宜的植物，不但能够很好地营造出一种安定静谧、温馨祥和的环境，而且在一定程度上还可以增进夫妻间的和谐，从而促使感情进一步得到提升。例如，在酷热的夏季里，人的心情容易变得急躁、不安，情绪上下起伏比较大，特别是夫妻双方在工作中忙碌与操劳完，下班回家之后，伴随着身体的劳累与精神状态的疲劳，极容易为了一些琐碎、无关紧要的小事情争吵起来，久而久之，就会给本来夫妻间恩爱的感情抹上一层寒冰与霜冻。而如果在家宅居室或者寝室里的适当位置能摆放上适当的、促进夫妻间感情的植物，营造出一个促进夫妻间感情和谐幸福的植物气场，那么，当夫妻双方下班回家后，看到宜人的绿色植物，感受植物所带来的柔和与舒适，上班所带来的烦躁与劳累之气也就被瓦解了，夫妻间的许多争执也能得到化解。

事实上，早在中国的古代，先人们就把植物与婚姻巧妙联系起来了，例如在《九歌·湘夫人》里就描述："筑室兮水中，葺之兮荷盖；荪壁兮紫坛，播芳椒兮成堂；桂栋兮兰橑，辛夷楣兮药房；罔薜荔兮为帷，擗蕙兮既张；白玉兮为镇，疏石兰兮为芳；芷葺兮荷屋，缭之兮杜衡；合百草兮实庭，建芳馨兮庑门。"这段古诗文描述的是一个即将要结婚的男子，他在婚事前装饰布置洞房的时候就交代："我将在屋顶撒荷叶，将在墙上挂菖蒲与马兰花，让薄荷的香味飘荡整个庭院，用香樟做屋梁，墙上是贝叶，门上是木兰，屋脊上是芍药，以各色的藤蔓编绕成窗帘。在地上铺上草毯，垫席上垂放着白玉兰，兰花飘散着迷人的香气，榛子与荷花相互缠绕，蝴蝶花与百合花相互交映，营造出百花在园中开放的美丽景象。"其实，从这里我们也不难看出，我们的先人们很早之前就开始明白建造一个和谐稳定的生活环境对于夫妻之间婚姻的稳固有着举足轻重的作用，尤其是植物在这其中也发挥着极其重要的作用。

特别是在现在这个多变、速变、杂变的世界当中，随着世界人口的增加和生产力的不断发展以及农业中大量有毒农药的使用，工业中排放的各种有毒有害废气、废水、废渣（统称"三废"）大量进入大气中、水体中和土壤中，造成了环境的污染，严重影响着各种生物的生存和人类的身心健康，人类的生存、生命的延续时刻受到威胁。要净化环境、保护我们的家园，只有植物，它们在时刻发挥着巨大的、全面的净化环境、创造和谐生活环境的作用，它们是保护和美化环境的忠诚卫士。

所以，在现代居室或者寝室中摆放一些绿色植物，建造一个和谐稳定的"植物婚姻"环境，不仅有利于夫妻间婚姻生活的幸福美满，同时对夫妻身心健康大大有利，可谓一举两得。

第二节　营建和谐稳定的婚姻环境

一、木子兵法植物调布乾坤位

在一间家宅的西北方位往往是代表着男主人的方位，西南方位往往是代表女主人的方位，这时，就需要在这两个方位谨慎地摆放适宜的植物来旺家宅的男女主人（因为一旦摆放不合适的植物只会增加夫妻两人在外面的桃花，损害夫妻间的感情），从而可增进夫妻之间的感情，使夫妻间的生活更加浪漫多趣。还有，如果房子缺了西北位，对家宅的男主人就多有不利了，男主人可能经常往外跑，极少有回家之意甚至不回家，忘记了自己家庭的存在；如果房子缺西南位，就是对女主人不利了，女主人也多不回家，甚至出现"地下情"。这样的房子当然不利于夫妻感情的和谐稳定了。

木子兵法植物调布婚姻气场

家宅的西北方位代表男主人，西南方位代表女主人，因此，男女主人的任何一方位出现问题，失去平衡都是不好的，这时，笔者以木子兵法理论，运用植物调布婚姻气场。可以在家宅代表男主人的西北方位摆放上五行属金的植物，如荷花、玉兰、夜来香和茉莉花等，而在家宅代表女主人的西南方位摆放上五行属土的植物，如鸡蛋花、黄菊、黄婵、黄间碧玉竹等。这样在家宅的西北方位与西南方位就调布出了一个积极的、平衡的、和谐的"植物婚姻气场"环境了，这不仅积极影响着夫妻间的情感的发展，也绿化了家宅，净化了夫妻的生活环境。

二、木子兵法植物调布桃花位

（一）一般来说在家宅中的正东、正南、正西、正北方位为桃花位（当然，不同的人桃花位不同，有的是正东方位，有的是正南方位等等），如果在这四个方位中摆放植物或放置相关助旺桃花的物品，就能增加夫妻两人的桃花运了，桃花运旺盛时便会向外延伸，这对于已婚的男女来说是十分不利的，所以要小心谨慎为好。

木子兵法植物调布婚姻气场

正常情况下家宅中的正东、正南、正西、正北方位其中的一个方位可能就是桃花位（具体要结合实际情况而定），为了减少、避免和消除夫妻间对双方情感发展不利的"桃花运"，可以分别在家宅中的桃花位（正东、正南、正西、正北方位）摆放上五行适当的植物（分别属木、属火、属金、属水），如龙眼（属木）、水仙花（属金）、龙血树（属火）、荷花（属水），以此调布形成一个阻止、减少、消除对夫妻双方情感发展不利的"桃花运"的"植物婚姻气场"，更好地维护夫妻情感的稳定发展。

（二）如果一间家宅的左边青龙方位短，而右边白虎方位长，这便是一间桃花四溢的"桃花居"。这家的夫妻显然极其容易惹上桃花，一旦惹上桃花就会影响夫妻间的感情，男女双方间的感情便面临着巨大的挑战。这样，为了夫妻感情不受影响，就要重新对这家宅作必要恰当的植物风水布置。

木子兵法植物调布婚姻气场

可以在家宅的左边青龙方位和右边白虎方位，分别摆放上五行属木、属金的植物，如真柏（属木）、九里香（属金）等。无形之中调布形成了一个遏制桃花四溢的"植物婚姻气场"环境，以此来化解家宅给夫妻间带来的"桃花劫"，消除对夫妻双方不利的影响，一举两得。

三、木子兵法植物调布坎水位

在中医学领域认为，性功能与肾脏的好坏息息相关，肾脏衰则性功能下降。肾是五行属水的，在家宅的北面五行也是属水的，代表肾脏。如果家宅的北面缺角、偏弱（过弱）或刚好是卫生间，家宅主人的肾脏功能就会大大降低，特别是性功能。夫妻间的性生活对于维持夫妻感情是无比重要的。当夫妻性生活不和谐时，随之而来最明显的就是婚变。

木子兵法植物调布婚姻气场

可以在家宅的北面方位摆放上五行属水的植物，如人心果、罗汉松、龙柏、山茶和棕竹等，这样一来，便在家宅的北面方位调布形成了一个局部的"植物婚姻气场"环境，给家宅主人的肾脏带来积极有利的因素，为夫妻双方的婚姻创造了积极向上的发展条件。

四、木子兵法植物调布家宅卧室位

在家宅中，卧室的安排对于夫妻双方来说也无比重要。一般来说要夫妻合和，家庭幸福美满，正常情况下都把卧室安排在命主卦命吉的方位，再加上摆放适宜的植物助旺，婚姻当然就会吉祥如意，更加顺心了。

木子兵法植物调布婚姻气场

卧室，是家宅的主体，卧室的安排对于夫妻双方来说也无比重要。正常情况下，卧室都是安排在命主卦命吉的方位最为合适。例如主人如果是经商搞企业的，那么，主卧室应设在财位，对主人财运大利；主人如果是从政的，那么，主卧室应设在官位，对主人官运有利；主人如果是从文的（如写作、艺术、教育等），那么，主卧室应设在文昌位，大利文途。主卧室若能设在福元飞星的四吉运，且又在主人命卦的四吉位，那更是上上吉了。且主卧室与大门、灶的卦位要相生，若相克则凶。因此，可以在家宅卧室的主命卦方位摆放上五行合适的植物，如茉莉（属金）、岗松（属木）、水松（属水）、紫藤（属火）、黄杜鹃（属土）等，从而在卧室里

调布出一个助旺命主综合运程的"植物婚姻气场"大环境,为宅主的婚姻建立更坚实的基础,起到锦上添花的作用。

小贴士

桃花位(促进桃花运的方位)

如果年轻朋友想找对象,可按照如下方法来摆放春节桃花方位,可助心想事成。

一、属猴、鼠和龙,桃花位在正西方(如图6-4)。

二、属虎、马和狗,桃花位在正东方(如图6-5)。

三、属猪、兔和羊,桃花位在正北方(如图6-6)。

四、属蛇、鸡和牛,桃花位在正南方(如图6-7)。

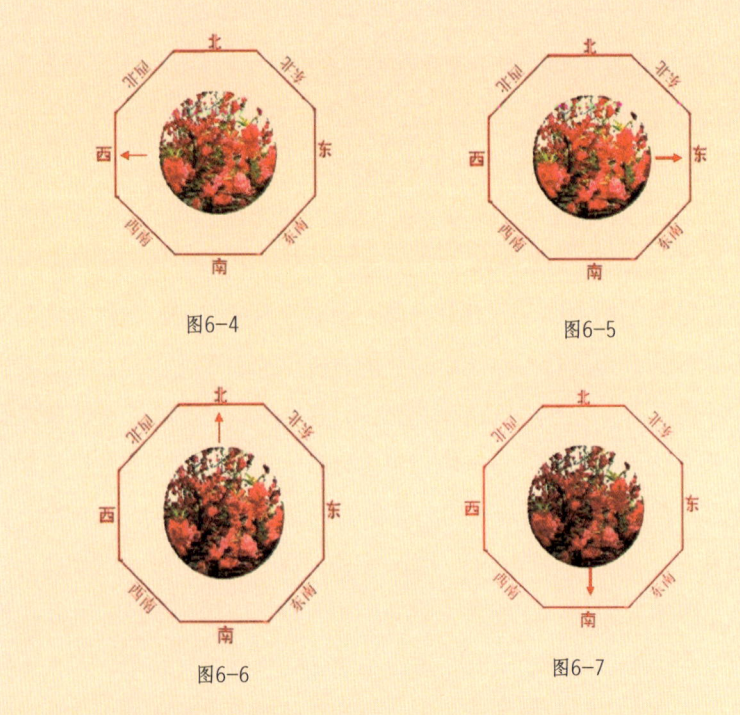

图6-4　　　　　　　　图6-5

图6-6　　　　　　　　图6-7

第七章　文昌风水与木子兵法

第一节　论文昌

中华自古重文昌，木子兵法造气场。
营建宁静智慧所，激发灵感步步上。

一、什么是"文昌位"

文昌位，即是文昌星所处的位置。在风水学中，文昌星是主宰文人学子命运之星。

文昌位，能够令人提高智慧、头脑灵活，儿女们自然学习进步，如果再融汇其他优势，成绩便可能独占鳌头。因此，确定住宅中文昌屋（书房）文昌位（书桌）的位置和朝向，是关系到学子成才与否的大事。如果你能利用文昌位来合理布局书房，一段时间后，你也许会惊喜地发现：孩子变得更聪明了！而对成年人来说，日新月异的知识更新，确实令人目不暇接。虽说是学到老用到老，但要想跟上时代的步伐，恐怕也是心有余而力不足。如果你想减轻一下学习压力，请布置好文昌房，相信能在一定程度上提高你的学习效率，拓展你的思路。由于地球磁场和天体星宿的作用，我们都有这样的经验：在同一住宅的不同房间，甚至在同一房间的不同位置，读书学习的效果完全不同。所以，许多望子成龙望女成凤的家长都急切地求测子女的文昌位。

然而，不同房子的文昌位是不同的，不过，总体来说，房子的坐向朝向是怎样的，基本就决定了文昌位的所在。例如：坐东向西的房子，那么它的文昌位就是在房子的西北方位；坐东南向西北的房子，它的文昌位就是在房子的西方位；坐北向南的房子，它的文昌位就是在房子的东方位；坐东北向西南的房子，它的文昌位就是在房子的东北方位；坐南向北的房子，它的文昌位就是在房子的东南方位；坐西南向东北的房子，它的文昌位就是在房子的西南方位；坐西向东的房子，它的文昌位就是在房子的南方位；坐西北向东南的房子，它的文昌位就是在房子的北方位。

二、如何找文昌位（如图7-1）

门位	文昌位
南	东
西南	东北
西	西北
西北	西
北	东南
东北	西南
东	南
东南	北

说明：
文昌位还须结合每人的八字喜忌用神。

第二节　木子兵法旺文昌

木子兵法旺文昌，是先找出家居的文昌位，再把文昌位的气场调活，用植物兵法来布阵，提高文昌位的气场质量。

一、若门开东门，文昌位在南，植物兵法布阵就是用属水的开运竹和属木的文竹放置在书桌上，或者书桌旁的左上方或右上方。（如图7-2）

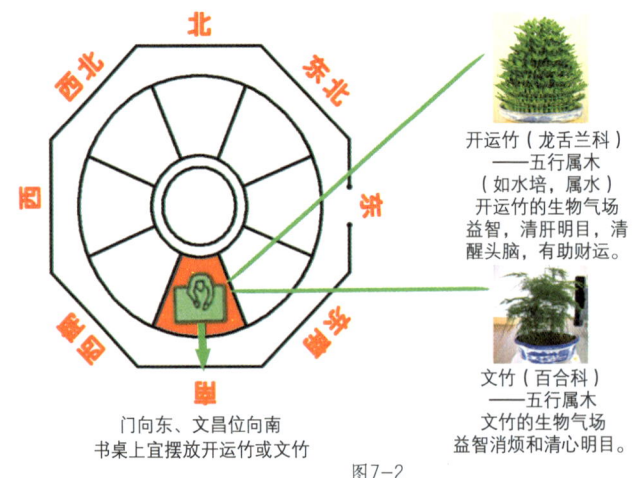

开运竹（龙舌兰科）
——五行属木
（如水培，属水）
开运竹的生物气场益智，清肝明目，清醒头脑，有助财运。

文竹（百合科）
——五行属木
文竹的生物气场益智消烦和清心明目。

门向东、文昌位向南
书桌上宜摆放开运竹或文竹

图7-2

二、若门开东北门，文昌位在西南，植物兵法布阵就是用属金的蒜和属金的水仙花放置在书桌上，或者书桌旁的左上方或右上方。（如图7-3）

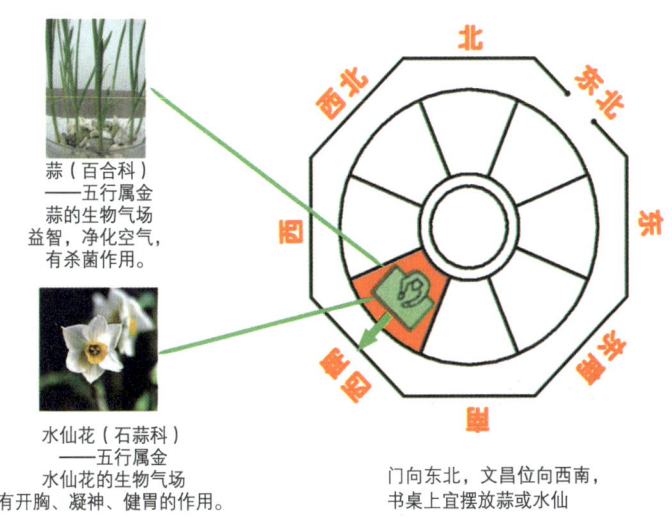

图7-3

三、若门开西北门，文昌位在西，植物兵法布阵就是用属金的银边万年青和属金的姜花放置在书桌上，或者书桌旁的左上方或右上方。（如图7-4）

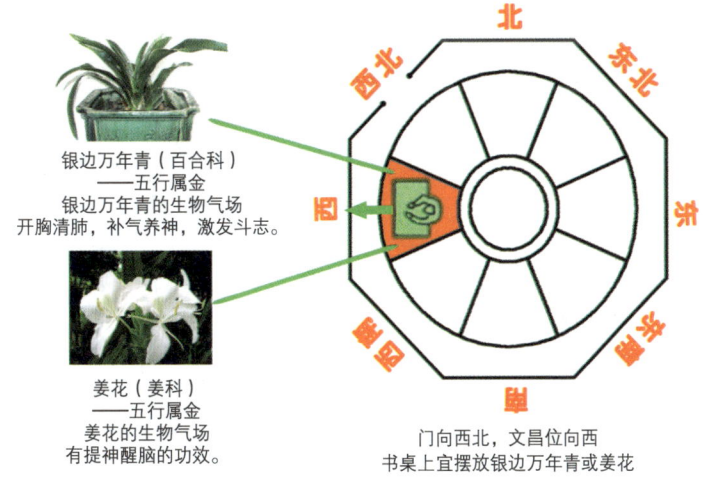

图7-4

四、若门开西门，文昌位在西北，植物兵法布阵就是用属金的金边吊兰和属金的晚香玉放置在书桌上，或者书桌旁的左上方或右上方。（如图7-5）

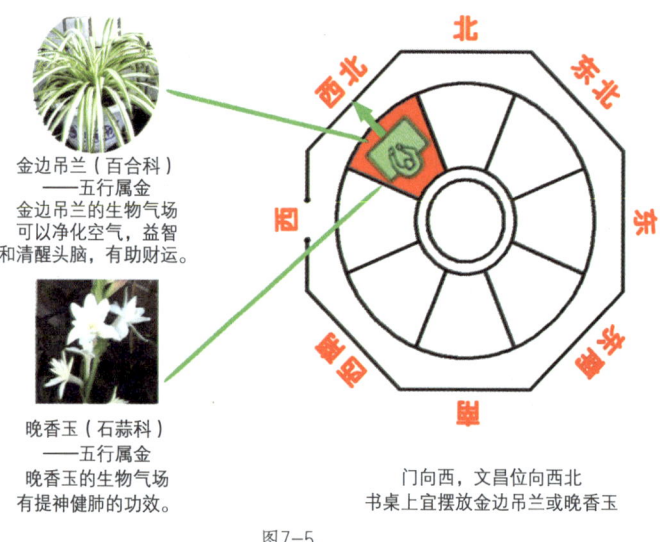

图7-5

五、若门开东南门，文昌位在北，植物兵法布阵就是用属土的金边富贵竹和属水的豆瓣绿放置在书桌上，或者书桌旁的左上方或右上方。（如图7-6）

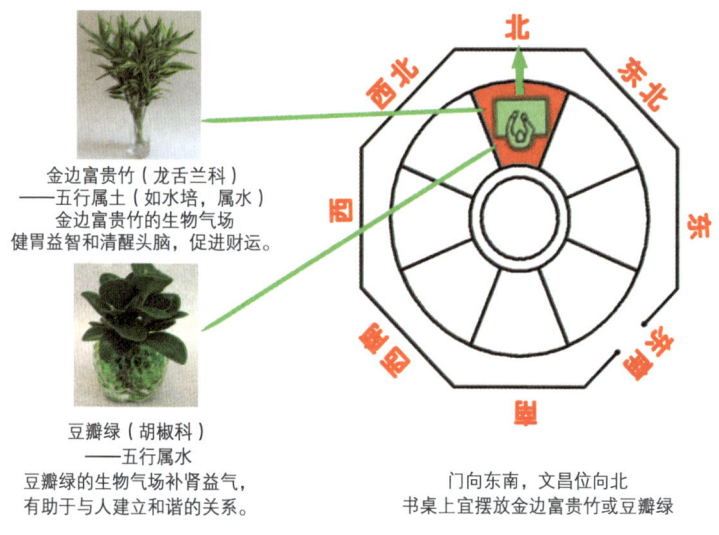

图7-6

六、若门开西南门，文昌位在东北，植物兵法布阵就是用属土的黄康乃馨和属火的红玫瑰放置在书桌上，或者书桌旁的左上方或右上方。（如图7-7）

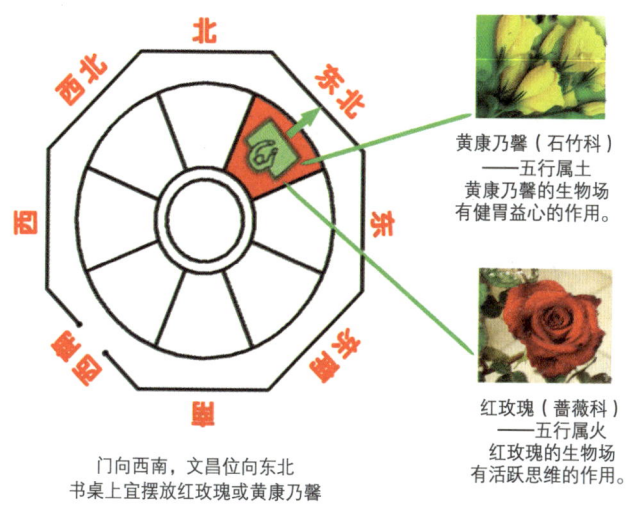

图7-7

七、若门开南门，文昌位在东，植物兵法布阵就是用属木的葱和属木的绿元宝放置在书桌上，或者书桌旁的左上方或右上方。（如图7-8）

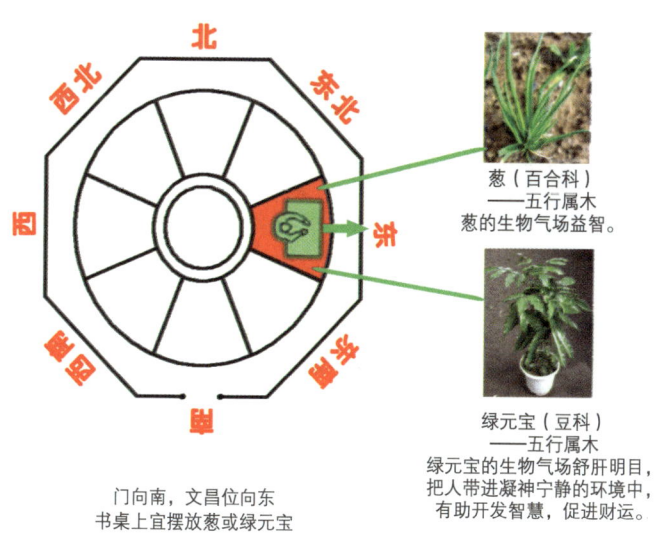

图7-8

八、若门开北门，文昌位在东南，植物兵法布阵就是用属木的小麦和属水的袖珍椰子放置在书桌上，或者书桌旁的左上方或右上方。（如图7-9）

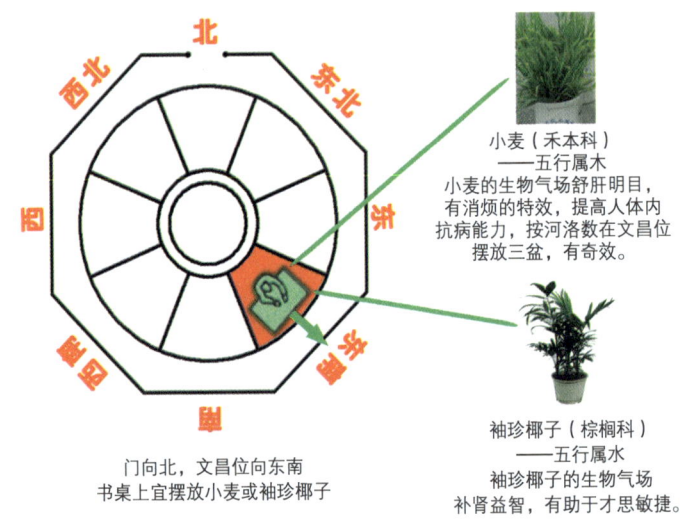

图7-9

说明：

科学工作者通过生物工程的科学研究得知，植物所发出的电磁波对人体产生有益的影响，可以起到保健、防病、延长寿命的作用。笔者认为这就是木子兵法所倡导的利用植物的生物气场（植物精气）去调整人居风水的科学依据。

因而，当宅居文昌位光线不足时，植物会生长不良，故此要加以智能的灯光照射，激发植物的电磁波，能激活人体潜在的基因，提高植物的免疫细胞的活力，从而有效提高文昌位气场的优化。

第八章　电脑风水与木子兵法

第一节　电脑风水

自从第一台电子计算机（俗称电脑）于1946年诞生以来，就给人们的生活带来了前所未有的改变。尤其是以IBM-PC为代表的微机的出现以及计算机网络的发展，进一步推动了人类新生活的发展进程。到了今天，电脑已经渗透到了人们生活中的各个领域，成为现代化人们生活当中必不可少的一部分了。

然而，又有谁想过："电脑"这个以电为能量来源的"脑袋"，也是一个存在的事物，很大程度上如同人的大脑一样，可以执行、完成很多人脑可以执行、完成的事情，那么，它是否也和人一样隐藏着某些巨大的玄机呢？

然而，笔者从"易学"的角度来看电脑，发现电脑真的暗藏着巨大的"风水"玄机，特别是与人们的生活有着微妙关系。

原来，电脑和人类一样，也是有"灵魂"与"躯壳"的。电脑软件是电脑的"灵魂"，它是无形存在于电脑里的，是电脑应用的关键。如果没有适应不同需要的电脑软件，人们就不可能将电脑广泛地应用于人类社会的生产、生活、科研、教育等几乎所有领域，电脑也只能是一具没有灵魂的躯壳。目前，以信息技术、信息产业为代表的高科技日益引起人们的关注，成为新的经济增长点。电脑软件技术作为信息技术的基础之一，已成为信息产业的主要组成部分。

电脑的硬件是电脑的"躯壳"，我们认识的主机箱、显示器、键盘、鼠标、音箱和话筒等等这些我们能够看得见、摸得着的设备，就是我们常常说起的电脑"硬件"，它就好比我们人类的躯体，是物质的，是进行一切活动的基础。键盘、鼠标和话筒都是给电脑输送信号的，于是我们叫它们"输入设备"，而显示器、音箱是为电脑向外界传达信息的，于是我们叫它们"输出设备"。这就好像我们的眼睛、耳朵和鼻子是给我们以视觉、听觉和嗅觉等信息的，而我们的嘴、面部表情和四肢是表达我们的看法和感情的。

因此，电脑既然与人类一样有"灵魂"和"躯壳"，那么，电脑存在的阴阳性也就不言而喻了：电脑有"灵魂"，即系统为易理之阴；电脑有"躯体"，即外壳为易理之阳。再加上电脑颜色的五颜六色，所以，笔者对电脑的研究也就形成了一套相对"独具自我特色"的电脑风水学识了。

第二节 木子兵法之电脑五行调场

一、木子兵法之电脑五行属金

五行属金的电脑一般为白色，比较适合金形相貌的人、天秤座的人、处女座的人、射手座的人、山羊座的人使用。

木子兵法调场

一般放置于书房或工作室的西北方位（西北方位五行属金），同时在西北方位摆置上五行属金或属土的植物，例如福建茶盆景、黄菊、金银花盆景、花叶常春藤（如图8-2）等，以此来营造一个和谐积极向上的环境气场，从而更好地服务于电脑使用者，使其精神饱满，身心舒畅，工作更上一层楼。

> 说明：
> 　　福建茶的产地不在福建，它的老家在海南，真名叫"基及树"，紫草科，不是山茶科的"茶"。福建茶是误传。

图8-1 木子兵法之电脑五行所属、相生、相克

图8-2 花叶常春藤（五加科）

二、木子兵法之电脑五行属木

五行属木的电脑一般为青色，比较适合木形相貌的人、白羊座的人、双鱼座的人、双子座的人、巨蟹座的人使用。

木子兵法调场

一般放置于书房或工作室的东或东南方位（东或东南方位五行属木），同时在东或东南方位摆置上五行属木或属水的植物，例如观音竹盆景、罗汉松盆景、夏威夷椰子（如图8-3）及水杉盆景等，以此来营造一个和谐积极向上的环境气场，从而更好地服务于电脑使用者，使其灵感十足，工作如顺水行舟般顺利。

图8-3 夏威夷椰子（棕榈科）

三、木子兵法之电脑五行属水

五行属水的电脑一般为蓝色，比较适合水形相貌的人、射手座的人、山羊座的人、白羊座的人、双鱼座的人使用。

木子兵法调场

一般放置于书房或工作室的北方位（北方位五行属水），同时在北位摆置上五行属水或属金的植物，例如棕竹、水培富贵竹（如图8-4）、金琥仙人球、龙舌兰（如图8-5）、金百合竹等，以此来营造一个和谐积极向上的环境气场，从而更好地服务于电脑运用者，使其定力十足，工作持久性强，慧气旺盛，工作得心应手。

图8-4 水培富贵竹（百合科）

图8-5 龙舌兰（龙舌兰科）

四、木子兵法之电脑五行属火

五行属火的电脑一般为红色，比较适合火形相貌的人、双子座的人、巨蟹座的人、狮子座的人、天蝎座的人、水瓶座的人使用。

木子兵法调场

一般放置于书房或工作室的南方位（南方位五行属火），同时在南位摆置上五行属火或属木的植物，例如红菊、火棘盆景、鹅掌柴（鸭脚木，如图8-6）、绿宝等，以此来营造一个和谐积极向上的环境气场，从而更好地服务于电脑使用者，使其性情平和，办事快准有度，干劲十足，工作得心应手。

图8-6 鸭脚木（五加科）

五、木子兵法之电脑五行属土

五行属土的电脑一般为黄色，比较适合土形相貌的人、金牛座的人、狮子座的人、处女座的人、天秤座的人使用。

木子兵法调场

一般放置于书房或工作室的中、东北、西南方位（中、东北、西南方位五行属土），同时在中、东北、西南位摆置上五行属土或属火的植物，例如散尾葵（如图8-7）、袋鼠花、富贵树、龙血树、红果盆景等，以此来营建一个和谐积极向上的环境气场，从而更好地服务于电脑使用者，使其谋事顺利，工作顺心。

图8-7 散尾葵（棕榈科）

第三节　木子兵法之一般电脑的使用

由于电脑的特殊性，人们平时使用电脑难免会因为辐射等原因而给身心健康带来负面的影响，木子兵法理论认为，运用植物调整气场，可以帮助以下人群在使用电脑的同时减少电脑给身心健康带来的负面影响。

一、儿童

由于人们生活水平的提高，电脑越来越成为儿童们的新型娱乐工具。但是，由于儿童身体发育还未完善，抵抗力较差，对外界刺激反应强，适应能力差，抵抗力弱，因而容易受外界不良因素影响。特别是电脑，它给儿童身体发育所带来的负面影响也就不言而喻了，儿童若长时间与电脑相处，对其思维和感情生活将会产生不良的心理影响，大大限制了儿童思维的发展，阻碍了儿童身体发育时期大脑的开发程度。因此，笔者认为，儿童一天之中使用电脑的时间应该控制在15到20分钟左右，同时，应在电脑附近摆放水培的芦荟（水）、千年木（火）、垂叶榕（木）、黄金菖（土）、仙人掌（五行俱备）、仙人球（五行俱备）、散尾葵（土）和属水的棕榈科植物、肉质植物，以此来削弱电脑辐射等因素给儿童身心健康所带来的负面影响，为儿童使用电脑创造积极的环境。

二、孕妇

电脑，几乎是每一个人日常都必不可少的办公工具之一，每一个工作女性也不例外，甚至是到了孕期，工作也没有离开电脑，那么，电脑对孕妇有没有影响呢？到底有多大影响呢？其实，现在并没有真正权威的科学证明电脑对孕妇有没有影响，到底有多大影响。不过，咱们中国有句古话说得好——"宁可信其有，不可信其无"。

笔者认为，无论电脑对孕妇有没有影响，电脑存在的辐射等复杂因素对使用者所带来的负面影响是肯定的，孕妇就更加容易受到伤害了。所以，孕妇在使用电脑时，一般可以在电脑显示器的两侧摆放上五行齐全的金琥仙人球（建造的植物场可参照上面儿童使用电脑对应的生物场），这样一来，就营造出了一个和谐、平和的植物气场，从而在一定程度上化解了电脑各种因素所带来的不利影响，保护了孕妇的身心健康，也净化了孕妇周围的空气，保护了胎儿的健康生长。但即使如此，笔者还是建议孕妇一次连续使用电脑不要超过一个小时，一天累计用电脑最好不超过两个小时。

三、学生

学生，当然就是学习知识，学会生活。今天，随着科技的飞速发展，电脑走进了学生学习的世界，成了学生学习和生活的一部分，然而，由于学习及生活的需要，他们经常接触电脑，久而久之，许多人就会眼睛发干、头痛、烦躁、疲倦、注意力难以集中等。医学证明，长期处于电磁辐射的环境中，会使血液、淋巴液和细胞原生质发生改变，还可使骨组织中的钙含量和锌含量明显下降，从而影响身心健康，导致骨质疏松症，甚至影响智力。而且电磁辐射过度会影响到人体的循环系统、免疫、生殖和代谢功能。辐射看不见，摸不着，但其危害具有长期性，被喻为"隐形杀手"。

孩子是父母的希望，是祖国未来的栋梁与主人，因此，从保护学生身心健康的角度出发，在学生电脑显示器的两侧应摆放上五行属水的紫罗兰，并且在电脑主机箱的一侧（根据现实情况而定）摆放上五行属金的白玫瑰、白康乃馨、冷水花、白茶花、茉莉花，这样一来，就营造出了一个平衡、积极向上的植物气场，从而在一定程度上化解了电脑给学生带来的不利影响，让学生用电脑有度，学习有条理，不因电脑带来的多种诱惑而影响学习。

第四节　查勘电脑带来的居室风水优与劣

木子兵法强调看风水要从点来看面，从立体来看居室风水的优与劣，尽管一个家居的风水布置得井井有条，但是也不能由此断定风水就很好。

比如一个女同志，她生于1964年，她的生命密码属金（查生命密码可参考笔者的《木经》系列丛书之三——《人居花木风水》P.155），她睡床向西边，但她的邻居却在她睡床隔壁安放了电脑、微波炉和电视机等电器，这样她就很容易失眠，原因便是邻居带来的风水干扰。

又如在南海办厂的张老板，他在办公室经常会走神，注意力不能集中并且易犯胃病和心脏病，他是1966年出生的，胎经年干在丙，五行属火，后天最佳的调整方位在南方（查生命密码可参考笔者的《木经》系列丛书之三——《人居花木风水》P.161）。本来办公方位是合理的，但为什么会犯毛病呢？经笔者查勘，原来在他的办公桌后背是电脑房，电脑五行属火，对他而言是火上加火，笔者建议张老板在背后加个书柜，让他把电脑房移离办公室，并在办公室内摆放南洋杉（如图8-8）、鹅掌柴（鸭脚木）和夏威夷椰子各一盆，建立五行属木的舒肝、养心益胃的生物场。一个月后，张老板很高兴地告诉笔者，自从调整办公室以后，病好了，精神也好多了，处理问题效率高，尽管现在生意难做，但他的生意却一天天兴旺起来了。

图8-8　南洋杉（南洋杉科）

第九章 宝石旺风水

第一节 赏石养心

石吸天地精，蕴藏性与灵。
人与石相伴，修心可怡情。

玉石古为帝王所拥有，当前鉴赏宝石摆设宝石已不再是帝王的专利了，用宝石来调风水既是一种文化现象，也是利用自然的能量来调整风水有力的武器。

孔子在两千多年前就有"君子比德于玉"之说。而据笔者研究发现，玉有"五德"、"九德"之说，《易经》有"五行"、"九宫"之论。《易经》之"五行"者："木于东，主仁；金于西，主义；坎于北，主智；离于南，主礼；土于中，主信。"玉之"五德"者："温润而泽，仁之方也；鳃理自外，可以知中，义之方也；叩之其声，清越以长，智之方也；垂之如坠，礼之方也；孚尹旁达，信之方也。"

古人云："石美者玉也，玉稀者宝也。"利用宝玉石分五行或雕刻相应物象可为家居、办公室布阵化煞，增添自然气场，调解空间环境，提高人的视觉和精神享受。如：一个家居的艮位是凶位的话，便不可在此摆放虎象的摆件或字画，因为艮象是"山"，虎象上山则更为凶险。又艮象为少男，恐少男不安。艮在身体即脾、足、背、鼻、骨、手指等之象，故恐这些部位有疾。可用形、色、物象等五行属"木"的宝玉石来破其凶气，或用属"金"的宝玉石来泄其煞气。又如：一个八字缺"木"的人，可用绿色、青色的宝玉石来增强"木"的气场（如：佩戴翡翠、绿宝石、澳玉、绿水晶、绿东陵等的绿色宝石）。也可在家里或办公室布阵一块色、形为"木"象的宝石。但应避免使用和佩戴与自己生肖相克的宝玉石。

"厅堂藏玉百气聚，人心存善万事兴。"这就是"宝石风水"理论推出以来，人们更热衷于使用宝石与收藏宝石的原因，因为宝石是集镇宅、玩赏、修身、保值为一体的天然吉祥之物，可谓"石为天下镇宅宝，玉是人间护身符"。如《本草纲目》中记载：玉可除胃中热、息喘、止泻、润心肺、助声喉、滋毛发、养肝脏、止烦躁等。石玉之德有喻于人，修身养性自然会使人健康长寿。根据现代生物、物理、化学分析，许多石玉中含有对人体有益的微量元素，如金、银、硅、锌、铁、硒、镁、锰等。由于玉石是深藏于山脉、江河底的亿万年结晶，是蓄"气"最充沛的物质，具有一定的自然气息与磁场，故经常佩戴玉器能使玉石中含有的微量元素通过皮肤吸入人体内，从而平衡阴阳血气，祛病保健益寿。

第二节　石法五行

石分阴阳有五行，有呼有应可传情。
五色属性各有品，对号入选用致灵。

一、富贵昌盛
（木，如图9-1）

此宝石取其色、形为五行"木"宫，木主于东，应春，阳气触动，冒地而出。水流趋东以生木，蒸蒸日上；木上发而覆下，乃自然之质也。最适宜命宫五行缺"木"者纳用，特别是在发展事业中的饿"木"者，可为其补充所缺气运，对身体肝、足、股等都可起到保护作用。若家居纳者，有利长男和长女。

图9-1

二、玉中涵财
（水，如图9-2）

此宝石取其色、形为五行"水"宫。天然宝石属"水"之气场，如山地龙脉之血气，其气场能使失去地气（龙气）之地增添活力，吸其气场有如睡龙初醒，很快就能得到明显的好运气。其磁场纳气有如招财进宝，可谓"玉引财源，金纳福气"。还可为纳用者带走厄运，驱除邪恶。加上将宝石置于家居北、西生旺位，便可为家居和本人带来尊贵、幸福的生活。

图9-2

三、满地乾坤
（土，如图9-3）

此宝石取其形、色为五行"土"宫。土能含吐万物之气，将生万物，将收万物，生生不息，满地乾坤。对命宫弱"金"的人有直接的助力，能生扶生肖为申（猴）、酉（鸡）之人。缺"土"者受其温顺之气，适天时而滋生万物化万气，使人显富临福。

图9-3

四、旺象开来
（火，如图9-4）

此图宝石取其色、形为五行"火"宫。"火"乃自然之气也，是万物成熟之气息，可谓旺象开来。它能归纳吸取大自然旺象之气，由宝石传达给命宫缺"火"之人，使人不但能得到五行的平衡，同时也得到自然旺盛之灵气，石来运转、驱邪、发运。

图9-4

五、天然太极
（金，如图9-5）

此宝石取其色、形为五行"金"宫。佛教经书《阿弥陀经》之七宝：金、银、琉璃、玻璃、砗磲、赤珠、玛瑙。可见玛瑙是何其珍贵吉祥之物。此种天然玛瑙片可按图取像，按家居与办公室之方位所需和主人之命宫格局布阵，能迅速调整整个家居与办公室的气场环境，增添足够的自然气息，提高天地精神与人之思想的气场交流，从而起到修身养性的作用。以其天然图案取像布阵，可为家居、办公室增强生旺气运，驱邪化煞。

世之七宝，亦称"七珍"，即砗磲、玛瑙、水晶、珊瑚、琥珀、珍珠、麝香。

图9-5

第十章 木子兵法
对购建楼房常见的风水调场

买楼不容易，买了楼要调整风水更加难。在本章节中作者将与读者朋友一起来探讨这个难题。

无论是已住入了的或新购的楼房都会遇到一些风水问题。如何对待风水上的问题，来自各方的风水师，各施各法，我不反对别人的方法，但木子兵法却有自己独特的创新方法。

家居的门窗乃纳气之口，就好比人的呼吸系统的嘴巴和鼻子，其重要性可想而知。门窗若吸纳吉祥之气，家人就会身心舒泰，事事顺利，安居乐业；反之，若吸纳不祥之气，则有可能令家人运滞财破，身心健康受损。

最好窗前面无遮无挡、视野开阔。如果窗户对着缓缓的车队或有河流环绕，则更为理想，代表有利名望、晋升及财运。按传统的风水术，如果想进一步增加运势，可在窗前放一条金色的龙，龙头向外，以增旺势。

木子兵法认为，生肖中龙与狗是相克，因而属狗的用龙就不妥，不但改变不了运气，还会带来灾祸。木子兵法改场布阵是按照东南西北不同的方位摆放不同的花木。

木子兵法对窗外带来的煞气（不良的干扰气场）的化解方法如下。

一、若窗面对着针角形状的物体、似刀锋的建筑物、玻璃的反光照射、电灯柱或电塔，将对健康不利，以及可能有血光之灾。

传统的化解方法有人主张挂一把小剑于窗外，向着煞方，斩除凶煞之气。

按木子兵法的做法应摆放1~2盆仙人掌或仙人球。

二、若窗对着医院、殡仪馆、坟场、庙宇、警署、监狱、屠场、垃圾房、色情场所等，都对宅中人的财运、事业、健康、情绪等不利。

传统的化解方法有人主张在窗外挂一个真葫芦，并打开葫芦盖，以收怨煞及污秽之气。

按木子兵法的做法应放五行俱备花木。如属土的米兰，属木的兰花，属水的莲花，属金的桂花，属火的红铁树，用鲜花和微笑来化解不良风水带来的不安。

三、若窗外对着反弧形的车路或水流，就如被人用镰刀横割，代表家人感情破裂、财来财去。

传统的化解方法有人主张在这个位置放一只貔貅，有辟邪、挡煞、旺财的作用，同时令金钱较易积聚。

按木子兵法的做法应放属金和属木的花木。如属金的金边龙舌兰，属木的蛇皮兰。

四、若窗口面对着两幢紧邻大厦之间的小空隙，风水上叫做"天斩煞"，代表易招血光之灾。不过如果你住的层数高过小空隙，或这空隙很阔，则不受影响。

传统的化解方法有人主张在窗口挂一面小凸镜，及用窗帘遮挡。

木子兵法认为放个凸镜会使对方不安，最好是用属金的花木加上八角钟和玻璃镜画（因为天斩煞是属木的不良粒子干扰波），用金克木化解，选用花木如属金的白玉兰，属水的苏铁（苏铁虽属水，但它对属木的天斩煞却有独特的化煞效果，苏铁形酷似太阳锅，这个"微波收集器"有着"四两拨千斤"之力，能有效调解天斩煞带来的不良气场），同时放个八角钟、玻璃镜画和一根箫（传统风水术认为箫是"消"的谐音，有消灾之意），木子兵法认为箫有7个孔，是空心的，它是电子学上"驻波"的匹配调节器，用它作为风水化煞物不是愚昧迷信行为，乃是高科技的科学调场方法。

第十一章　木子兵法
花木布阵之水培花木"新兵"

在室内园林绿化造风水时经常会遇到一些难题，如室内的条件光合作用不足，没有阳光、没有雨露，植物生长不良；管理上的问题，主人出差无人浇水、施肥；室内用泥土来栽培容易引起病虫害，如要杀虫易造成室内污染等。

近年来中华木子兵法研究院高级研究员、副院长、高级园艺师严世珍女士研究出获得国家专利的水培花木技术方法。这是木子兵法的"新兵"，它们适合生物场缺少水的人，适合在空调的环境中生存，给室内营造优质的风水场，在使用中得到了广大群众的好评。

第一节　水培花卉旺居室风水

一、水培龙血树（属火）D. teniflora Roxb

适合属马、蛇的人或心脏病人、O型、B型血的人，1966年和1977年生的人。益胆识智慧、旺文昌、调经益妇女。（如图11-1）

图11-1 水培龙血树（百合科）

二、水培苏铁（属水）Cycas revolute

适合属鼠、猪或A型、AB和B型血的人，1962年和1963年生的人。旺财运、长男人志气、消灾难。（如图11-2）

图11-2 水培苏铁（苏铁科）

三、水培仙人球（五行俱全）
Echinopsis tubiflora

适合所有生肖和血型的人。调治五脏健康，树正气、驱小人，让歪心之人望而生畏。（如图11-3）

图11-3 水培仙人球（仙人掌科）

四、香兜（属金）Pandanus amaryllifolius nobilis Lindl

适合AB型血型的人，调治呼吸道毛病，树正气，驱小人，旺文昌，对排除忧郁症有助。适合1975年、1984年和1993年生的人。摆放位置在入门的右侧为最理想之方位。（如图11-4）

图11-4 香兜（露兜树科）

五、含笑（属土）Mihelia figo（Lour）spreng

适合各种血型的人。放在写字楼近窗之位，最佳为东北和西南位置。旺财运，旺人气，对胃肠消化有助。适合生肖属鸡、猴、鼠、牛、龙、羊、猪的人。（如图11-5）

图11-5 水培含笑（木兰科）

第二节 水培花卉室内化煞调场

一、龙骨（FOSSILIA Ossis）

五行属金，大戟科植物。（如图11-6）

二、玛丽安（Dieffenbachia Camilla）

五行属土，天南星科植物。（如图11-7）

三、绿巨人（Sensation Spathiphyllum）

五行属木，天南星科植物。（如图11-8）

四、玉麒麟（Eephorbia neriifolia）

五行属金，大戟科植物。（如图11-9）

五、小天使（Philodendron selloum）

五行属水，天南星科植物。（如图11-10）

以上花木品种如玉麒麟、滴水观音玛丽安、绿巨人、小天使和龙骨等具有化煞功能的花木不适宜放入董事长、总经理及员工办公室内，只适宜摆放在走廊或有油墨污染、电磁波辐射、厕所等远离办公室且需除污之处。更要教育儿童不要随便接触，防止过敏。

图11-6 龙骨（大戟科）

图11-7 玛丽安（天南星科）

图11-8 绿巨人（天南星科）

图11-9 玉麒麟（大戟科）

图11-10 小天使（天南星科）

第十二章　木子兵法之家居花木布阵

第一节　木子兵法新用玄空风水调场化煞

一、传统的风水玄空新法——植物改场旺宅旺人

在家居风水调场中，目前应用最多的是玄空风水法，木子兵法依据玄空风水法的理论，应用花木进行风水调场，取得趋吉避凶的有效成果，被人们称为"玄空风水新法"。

传统的玄空风水的化煞调场包括两大类：一是看得见、感觉得到的有形的煞气，叫"形"非"神"；二是看不见、摸不着、一般人感觉不到，无形无影的煞气，叫"气煞"。神煞就是由"形"和"气"引起的煞气的总称。玄空风水化煞，是通过调整家居布局或布设风水用品来达到目的的，玄空风水九星组合化煞有很多，但离不开用"金、木、水、火、土"五行之原理去化解。木子兵法对风水上的调场，同样是运用"金、木、水、火、土"五行之原理，在具体应用上，是用绿色植物来代替风水化煞用品，或在家居布设中运用风水用品和绿色植物结合，从而达到风水调场的最佳效果。

二、木子兵法对玄空风水新法的调场应用

（一）木煞

玄空风水术认为是3、8组合的木煞或3、4组合的碧绿风魔煞。遇到木煞时，传统的方法是用红色的灯泡或属火的紫水晶来化解。应用木子兵法，可用属金、属火、属土的植物来调场化解。

化木煞之兵：九里香、银桂、红铁、桃花、米兰、散尾葵等。

(二)火煞

玄空风水术认为,2、7合火煞,先天数为7,后天数为9,9与7相遇为9、7,合辙为火煞。遇到火煞时,可用水克、土泄或金耗的方法来解决,传统的方法是用属土的白水晶来化解。应用木子兵法,可用属水、属土、属金的植物来调场化解。

化火煞之兵:金山棕竹、大花鸭跖草、黄婵、金心吊兰、九里香、天冬等。

(三)土煞

玄空风水术认为,凡2、5属五黄、二黑组合为病符星,统称为"土煞"。遇到土煞时,传统的方法是用金属制造的三脚金蟾作吉祥物来化解。应用木子兵法,可用属木、属水、属金的植物来调场化解。

化土煞之兵:富贵竹、兰花、福建茶、罗汉松、茉莉花、吊兰等。

(四)金煞

玄空风水术认为,4、9为金,6与7组合为交剑煞(金)。传统的方法是用安忍水(银圆、盐水等)来化解。应用木子兵法,可用属火、属木、属水的植物来调场化解。

化金煞之兵:红铁、龙血树、金钱榕、黄杨、美丽针葵、棕竹等。

(五)水煞

玄空风水术认为,1、6组合可形成水煞。住宅遇水煞,人易得阴冷病。遇到水煞,可用火调候。应用木子兵法,最好用属土、属火、属木的植物调场化解。

化水煞之兵:含笑、金桂、龙血树、红紫薇、富贵竹、巴西铁。

(六)木土煞

玄空风水术认为,木土煞是2、3组合的斗牛煞。传统的方法是用金龙化解之。应用木子兵法,可用属金的植物来调场化解。

化木土煞之兵:九里香、银桂、金百合、银边万年青(百合科)等。

第二节　玄空风水新法之八运各宅的调运

下面给读者朋友介绍风水玄空法八运（从2004～2023年）各宅向的花木调运之24个模式。

在指南针的基础上发展而来的传统实用民俗工艺品——罗盘，在城市单元住宅也是利用罗盘定坐向。如何判定坐向呢？方法是：以阳为向，即以大阳台合一边，也是窗户最多、采光最多的一边为向，相反的一边则为坐。

一、八运壬山丙向（如图12-1），见指针345°（如图12-2）

评析与兵法旺场

（一）双星会坐，坐平朝满为合法（做靠稳实，朝向光明、舒适为理想之追求）。

（二）主卧①放一盆属水的水培花木可化7、9火煞，并可养金鱼（传统方法是放一个白色水晶球）。

（三）餐厅放属金和属水的水培植物可旺官、旺文（传统方法是放一只龙龟）。客厅、书房各放属金的水培植物可化2、5土煞（传统方法是放一只金蟾）。卧③放一盆属金的金心吊兰既化9、7煞又旺丁（传统方法是放一个水晶球）。

（四）厨房为大吉位，不用化煞；卧②不吉，用属火的植物化解（传统方法是用红色饰物化解）。

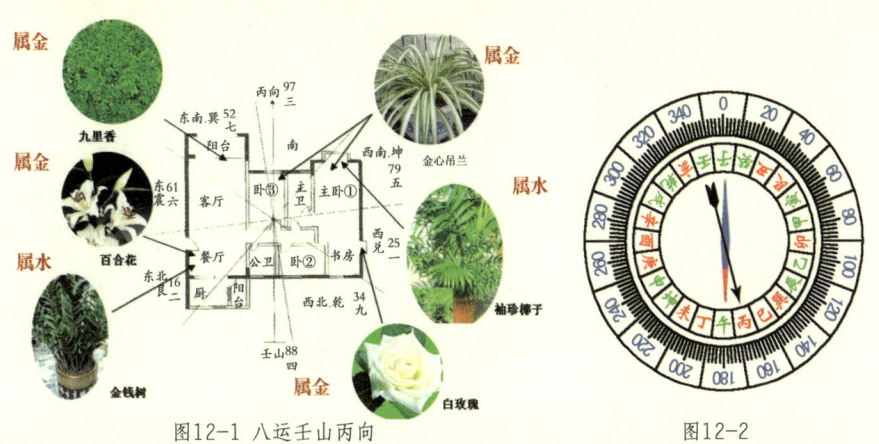

图12-1　八运壬山丙向　　　　图12-2

二、八运子山午向（如图12-3），见指针0°（如图12-4）

评析与兵法旺场

（一）双星会向，为沈氏的阳打劫局（玄空术语为聚集吉祥之气的含义）。现离、乾方气口较大，震方气口偏小，"打劫"基本成功。

（二）入户门边放一盆属水的罗汉松，可旺财（传统方法是布风水轮）；卧③、卧④放属金的植物，可化9、7煞（传统方法是放白色水晶球）；卧③为旺丁房，卧④为旺财房。

（三）主卧①不吉，用属火的龙血树（传统方法是用紫水晶球）；主卫、公卫用属金的白康乃馨（传统方法是用乾隆钱）；厨房、餐厅用属金的白玫瑰（传统方法是用金蟾）。

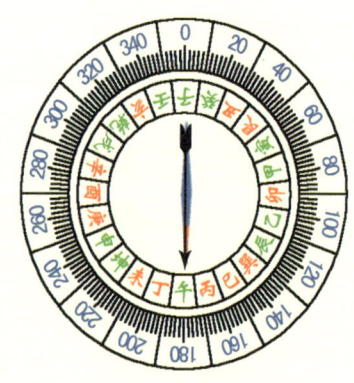

图12-4

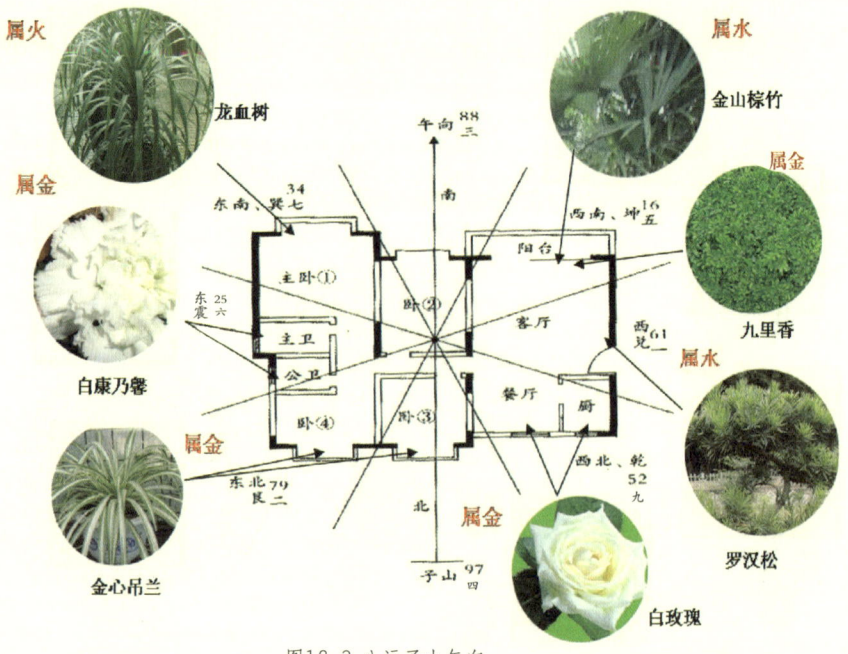

图12-3 八运子山午向

三、八运癸山丁向（如图12-5），见指针15°（如图12-6）

评析与兵法旺场

（一）此局与八运子山午向星盘相同，不同的是八宫线应逆时针旋转15°。

（二）此局为沈氏的阳打劫局，"打劫"基本成功（聚集吉祥之气基本成功之意）。

（三）旺财化煞与子山午向有区别，见上图。

（四）此局比子山午向要差些，主要是入门户在戌方，飞入二黑之气，上局是在辛方，飞入一白生气。

（五）木子兵法用一火两水配四金花木套餐，以改场旺宅。

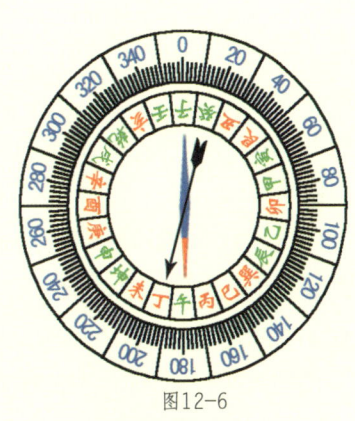

图12-6

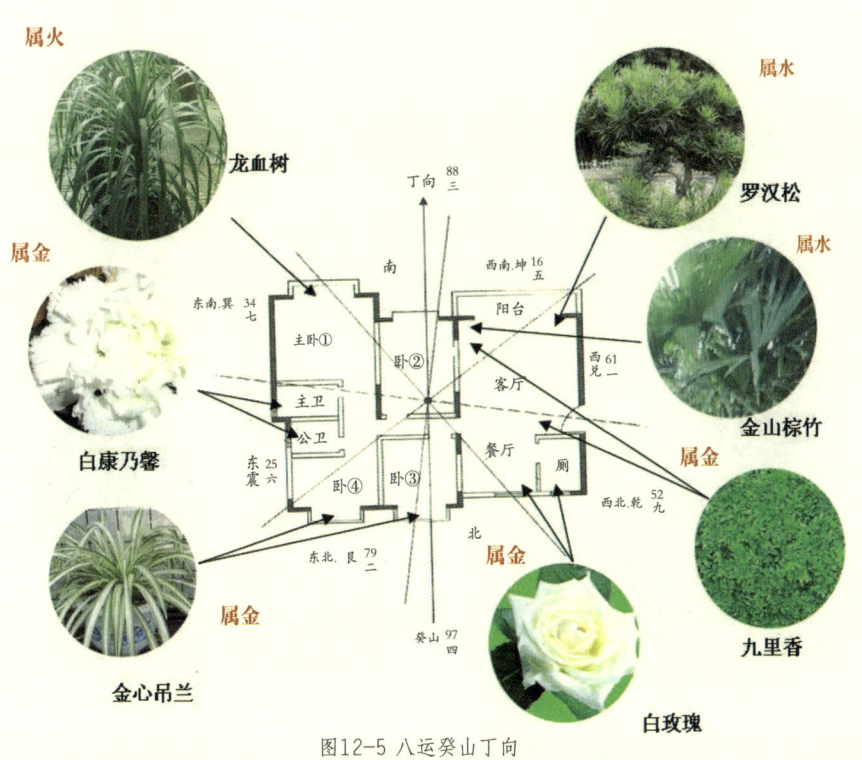

图12-5 八运癸山丁向

四、八运丑山未向（如图12-7），见指针30°（如图12-8）

评析与兵法旺场

（一）旺山旺向，如坐满朝空（即"坐实朝空"，指住宅的后面有靠山，前面很开阔），向上见水，大发财丁。

（二）主卧①为旺丁房；书房放一盆属木的文竹代替文昌塔，大旺文昌；放属金和属水的植物代替龙龟可旺官；卧③放属水的大岩桐代替风水轮，大旺禄财。

（三）坎方6、9火金相战，放属金的金心吊兰代替白水晶化解；客厅放属水的罗汉松代替风水轮可旺财；入门户放属水的金钱树代替蓝色水晶球、安忍水以通过金木相战之关，及化解6、7交剑煞（为玄空术语，表示金煞，不好的气场的意思）。

（四）木子兵法应用六种植物以旺宅。

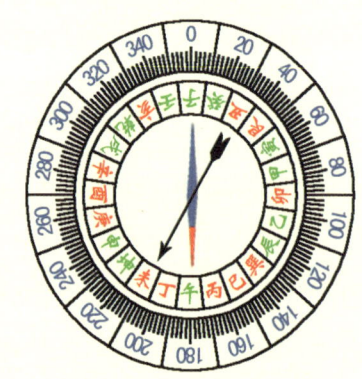

图12-8

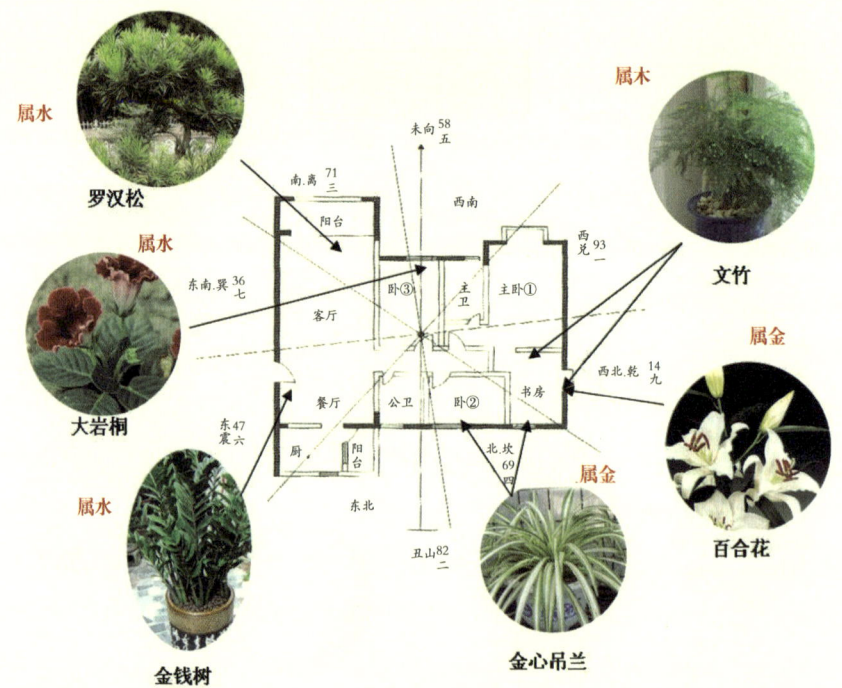

图12-7 八运丑山未向

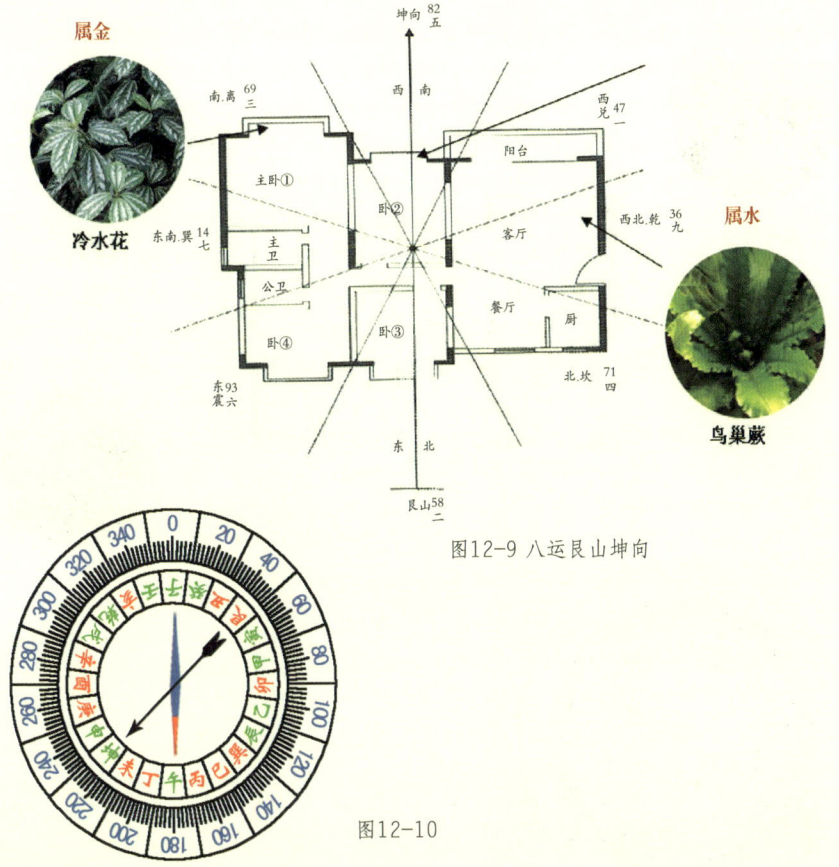

图12-9 八运艮山坤向

图12-10

五、八运艮山坤向（如图12-9），见指针45°（如图12-10）

评析与兵法旺场

（一）上山下水又犯反伏吟（玄空术语为"不好的气场"的意思），虽全局合成父母三般卦（玄空术语，为吉祥之义），如坐满朝空，也非吉选；如坐满朝空为合法，坐平朝平可以调整。

（二）此局除坐山方设风水轮旺财、向首即卧②窗上摆高大树木如富贵树（幌伞枫）、龙血树、千年木可旺丁外，其余各宫均不吉。巽宫上好文昌位成了洗手间，是设计上的大错！

（三）入户门用属水的鸟巢蕨代替安忍水（风水化煞法）解，主卧①用属金的冷水花代替白水晶球化解。

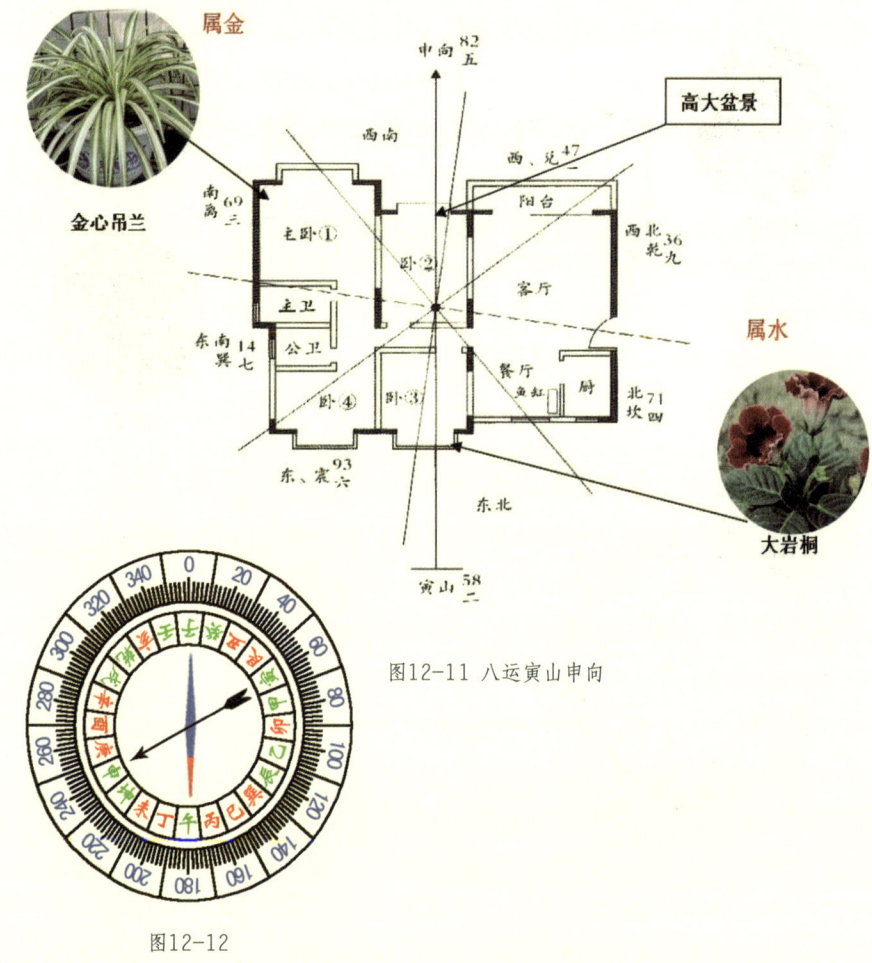

图12-11 八运寅山申向

图12-12

六、八运寅山申向（如图12-11），见指针60°（如图12-12）

评析与兵法旺场

（一）此局星盘与八运艮山坤向完全相同，不同之处在于八宫线。上山下水又反伏吟，既败又凶之局。

（二）催旺化煞见上图。

（三）木子兵法用属金和属水的花木盆景改场以旺宅。

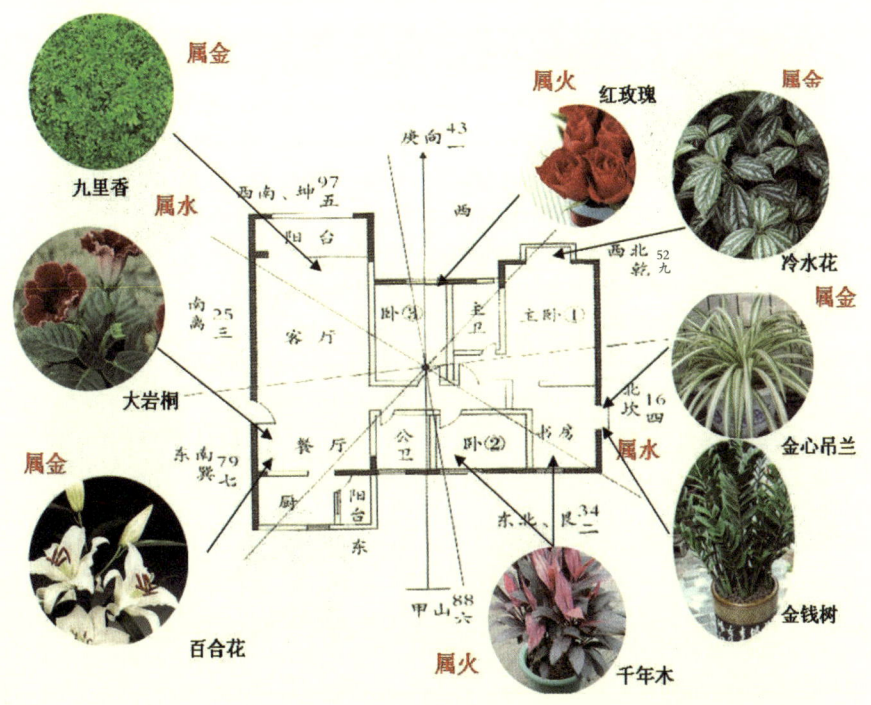

图12-13 八运甲山庚向

图12-14

七、八运甲山庚向（如图12-13），见指针75°（如图12-14）

评析与兵法旺场

（一）双星会坐，"毫无生气入门，粮无一宿"。如坐空朝平则为可用之局。

（二）入户门侧放一盆属金的植物代替白水晶和属水的植物代替风水球，既化煞又旺财。

（三）书房放属金和属水的植物代替龙龟，既旺文又旺官。

（四）客厅、主卧①各放一盆属金的植物代替金蟾，以化2、5煞；卧②卧③及书房各摆一盆属火的植物，以化4、3木煞。

（五）厨房为吉位，不用化煞。此局是衰局，勿选为佳。

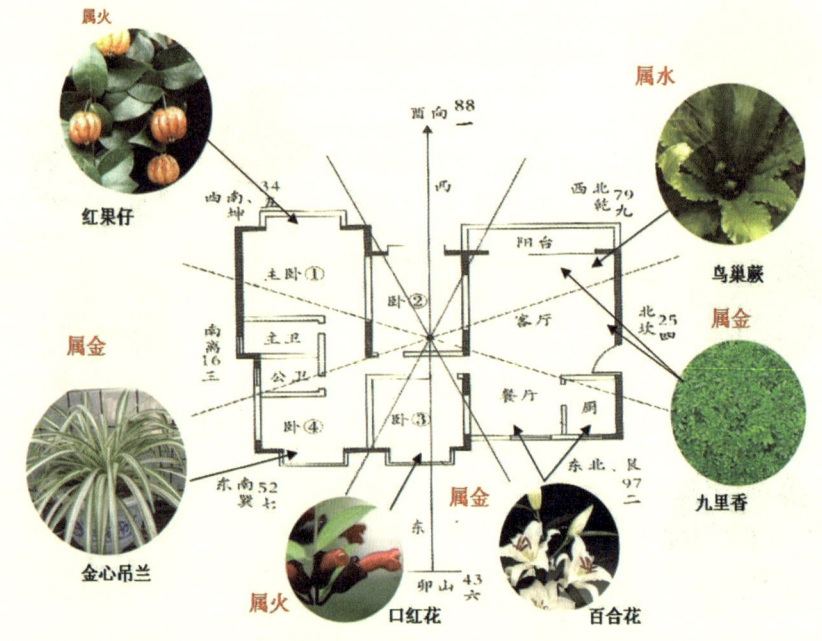

图12-15 八运卯山酉向

八、八运卯山酉向（如图12-15），见指针90°（如图12-16）

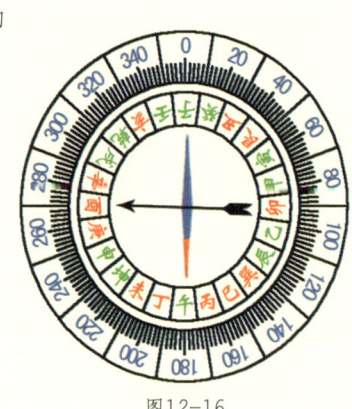

图12-16

评析与兵法旺场

（一）双星会向，为沈氏的阴打劫局（聚集吉祥之气基本成功之意思）。现坎、巽、兑三方有气口，为"打劫"成功。

（二）主卧①、卧③放属火的植物代替紫水晶球，以化3、4木煞。

（三）入户门侧、卧④放属金的植物代替金蟾，以化2、5土煞。

（四）餐厅、厨房各放一盆属金的植物代替白水晶球，以化9、7煞。

（五）客厅放一盆属金的植物代替白水晶球和属水的植物代替风水轮，既化9、7煞又旺财。

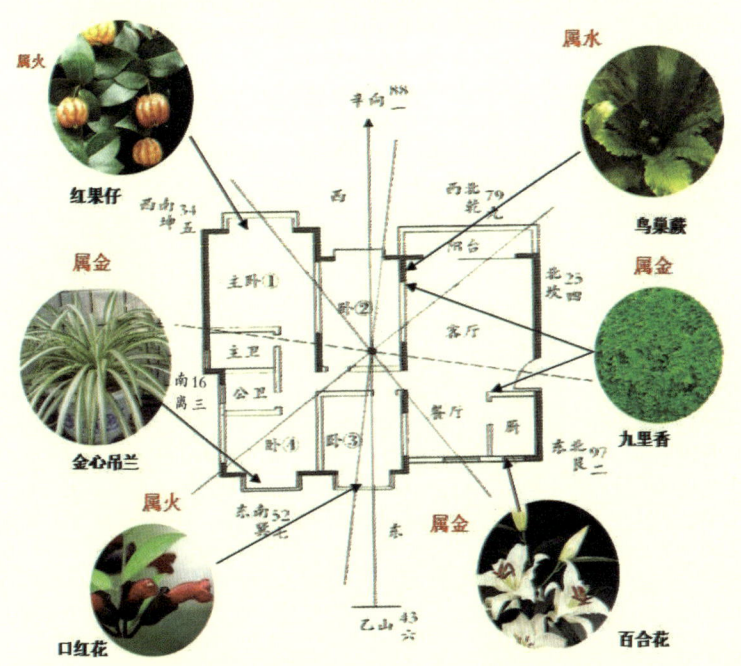

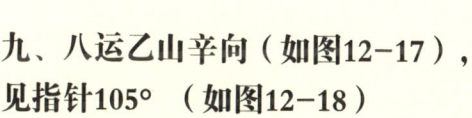

图12-17 八运乙山辛向

九、八运乙山辛向（如图12-17），见指针105°（如图12-18）

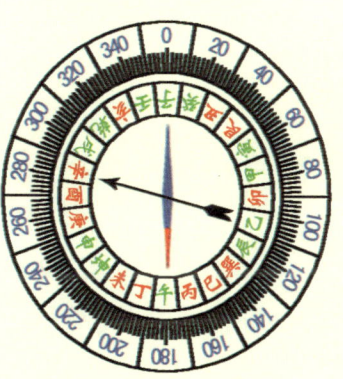

图12-18

评析与兵法旺场

（一）此局与上局卯山酉星盘完全相同，但八宫线不同。

（二）此局坎方不通气，故按沈氏法为"打劫"不成功，故此平面图用于乙山辛向为不吉。

（三）催旺化煞传统方法今不用，木子兵法用六种不同属性花木以旺宅（见上图）。

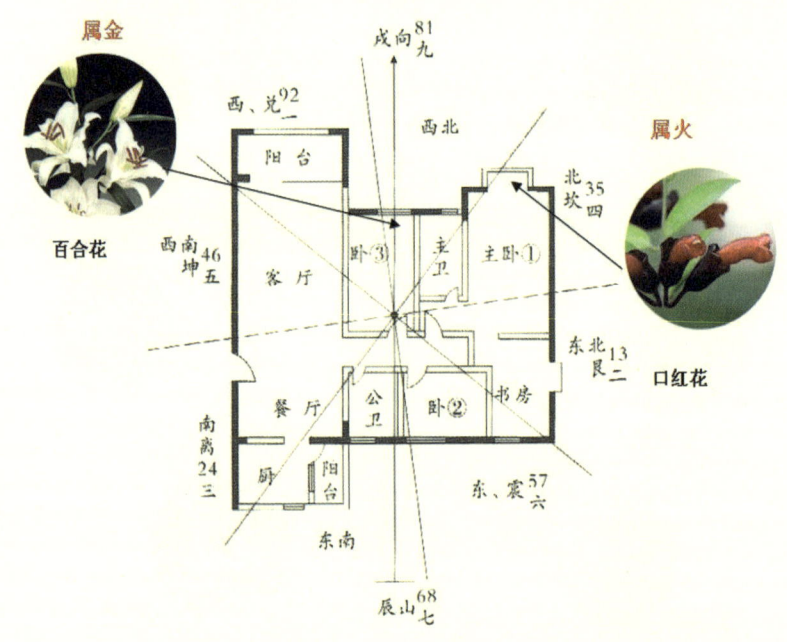

图12-19 八运辰山戌向

十、八运辰山戌向（如图12-19），见指针120°（如图12-20）

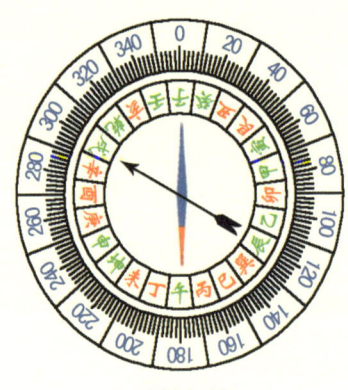

图12-20

评析与兵法旺场

（一）上山下水，如坐满朝空，大败且凶。

（二）九宫星盘除坐山为吉，艮、巽方尚可外，其余均为凶的组合。

（三）木子兵法用属火与属金的花木化煞改场以旺宅，此为风水术的古为今用。

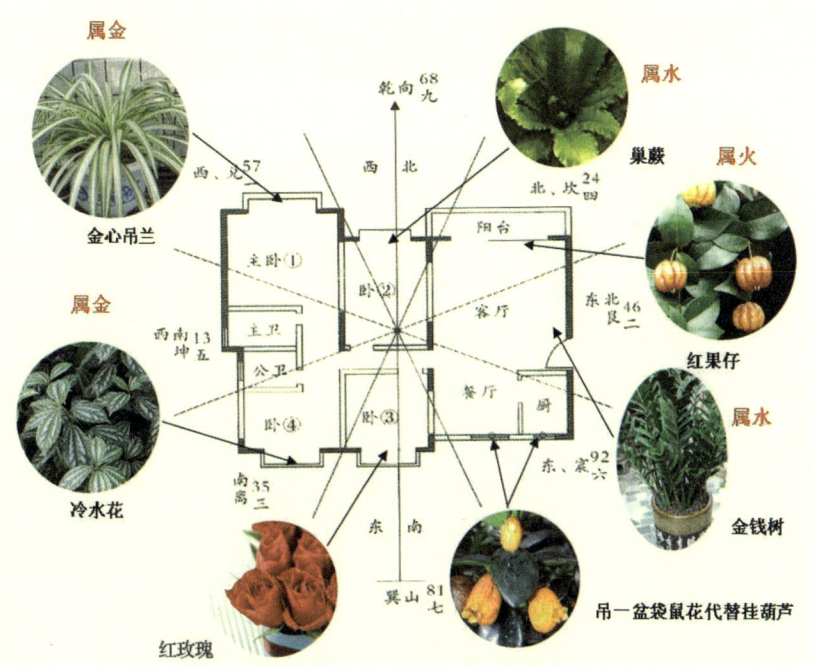

图12-21 八运巽山乾向

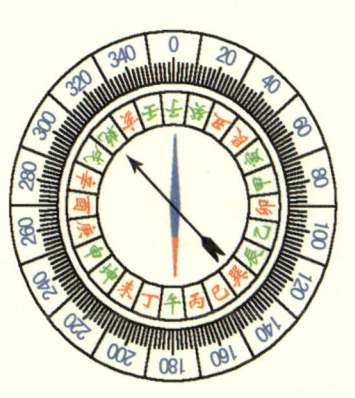

图12-22

十一、八运巽山乾向（如图12-21），见指针135°（如图12-22）

评析与兵法旺场

（一）旺山旺向，如坐满朝空，定主财丁兴旺，惜地运仅20年。

（二）卧③为旺丁房，放一盆属火的植物代替紫水晶，旺上加旺；卧②为旺财房，摆一盆属水的植物代替风水轮，可大旺财禄。

（三）主卧①、卧④、客厅均需化煞，见上图。

（四）此平面图最大不足是阳台不在向首、入户门纳六煞气（不好的气场）。

（五）木子兵法用植物场改造风水。

十二、八运巳山亥向（如图12-23），见指针150°（如图12-24）

评析与兵法旺场

（一）旺山旺向（玄空术语），星盘与巽山乾向相同，只是八宫线不同。

（二）催旺方法与上局一样，化煞略有不同，见上图。

（三）大阳台，入户门所纳之气均不吉，故此平面图为设计上的错误，但城市单元住宅中此类事甚多，木子兵法用属火、属水、属金、属土和属木花木旺场调风水。

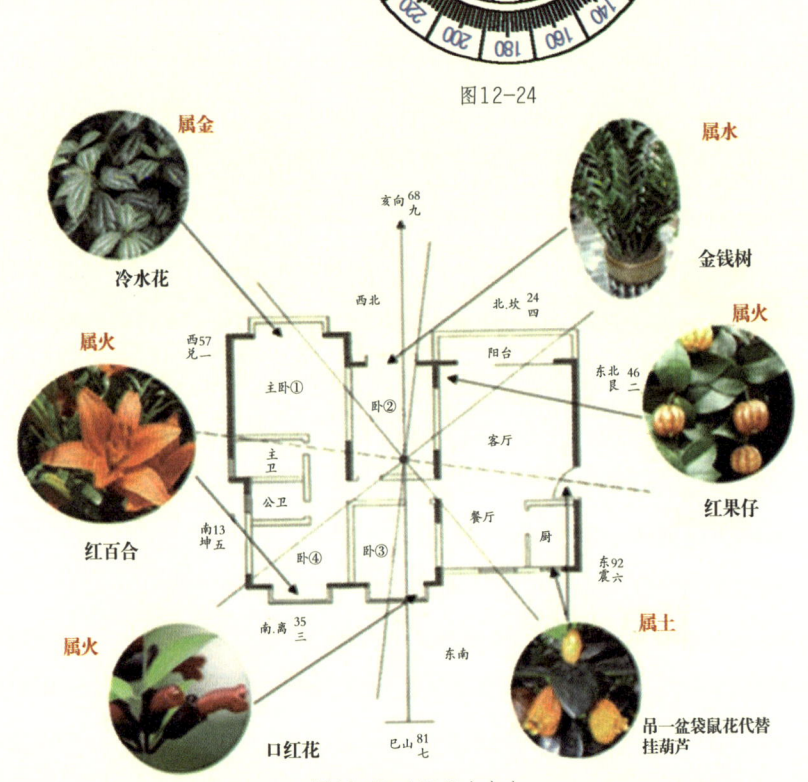

图12-24

图12-23 八运巳山亥向

十三、八运丙山壬向（如图12-25），见指针165°（如图12-26）

评析与兵法旺场

（一）双星会向（玄空术语），现兑方无气口，故此图"打劫"不成功（聚气不成功），以下水局论。

（二）主卧①和书房最吉，在此两方摆属金和属水的植物代替龙龟，摆属木的文竹代替毛笔，可旺官旺文。

（三）入户门侧放属金的植物代替金蟾，以化9、7、5合局煞；厨房放一盆属金的白玫瑰代替白水晶球，以化9、7火煞。

（四）阳台放属火的红果仔盆景代替紫水晶球，以化4、3木煞；卧②和书房各放一盆属金的植物代替金蟾，以化2、5土煞。

（五）卧③可做旺丁房，室外不见大水为佳。

图12-26

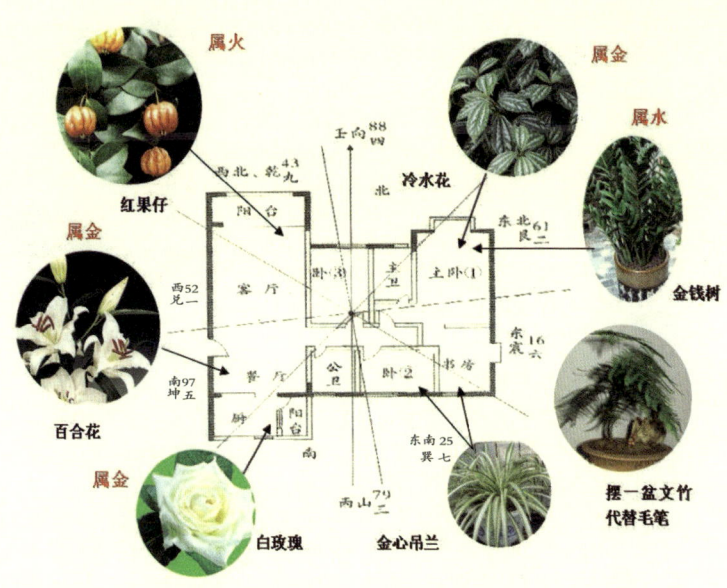

图12-25 八运丙山壬向

十四、八运午山子向（如图12-27），见指针180°（如图12-28）

评析与兵法旺场

（一）双星会坐，宜坐平朝空。

（二）卧②放属金的植物代替白水晶球和放属水的植物代替风水轮，既化煞又旺财；卧④放属水的植物代替风水轮，可旺财。

（三）客厅放属金的植物代替白水晶球，入户门侧放属金的植物代替金蟾，门上挂一盆袋鼠花代替葫芦，餐厅放属火的植物代替紫水晶球，主卧①、厨房三个主要方位均不吉，是设计上的错误！

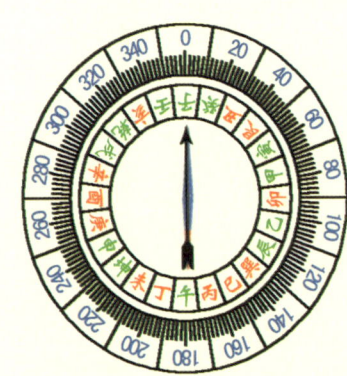

图12-28

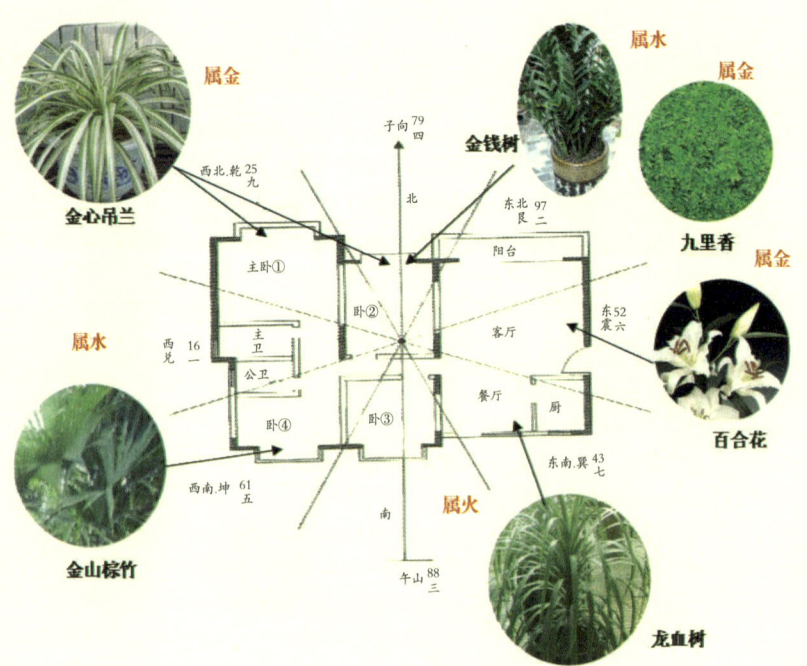

图12-27 八运午山子向

十五、八运丁山癸向（如图12-29），见指针195°（如图12-30）

评析与兵法旺场

（一）双星会坐，星盘与上局午山子向相同，但八宫线不同。

（二）此局与上局类似，门、主、灶均不吉。

（三）催旺化煞与上局类似，位置有别，见图。

（四）此星盘如宅法过关，为八运可用之局。

（五）用五种花木组成花木套餐以旺场（见图）。

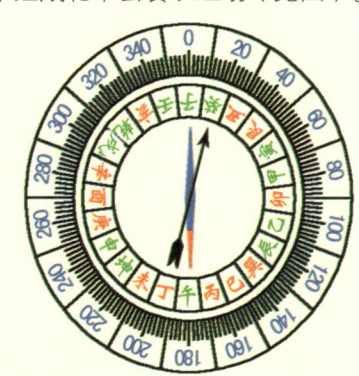

图12-30

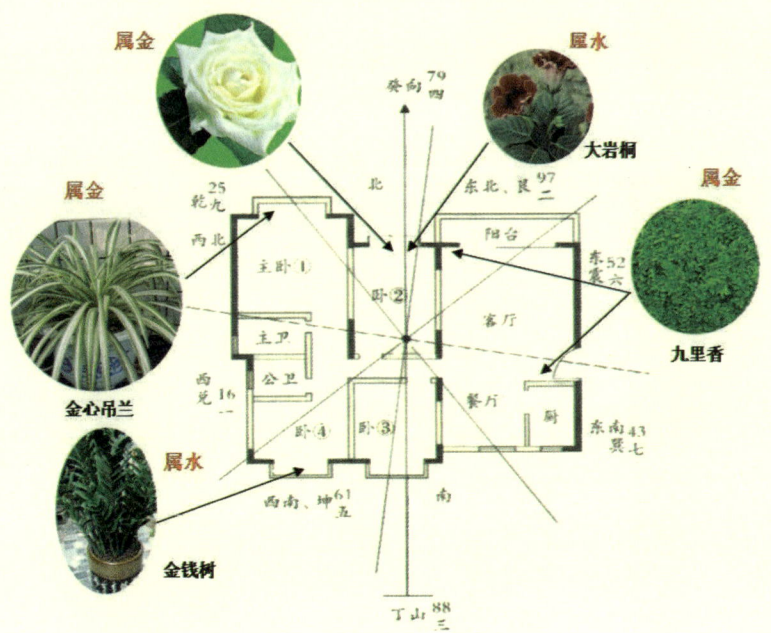

图12-29 八运丁山癸向

十六、八运未山丑向（如图12-31），见指针210°（如图12-32）

评析与兵法旺场

（一）旺山旺向，如坐满朝空，定主财丁两旺。

（二）卧③传统方法是设风水轮旺财，入户门纳9紫生气，不用化煞。

（三）传统方法是阳台放白水晶球，主卧①和书房传统方法是放"安忍水"，均化煞。

（四）厨房吉位，卧②勉强可作旺丁房。

（五）用一金三水组成花木套餐以旺风水。

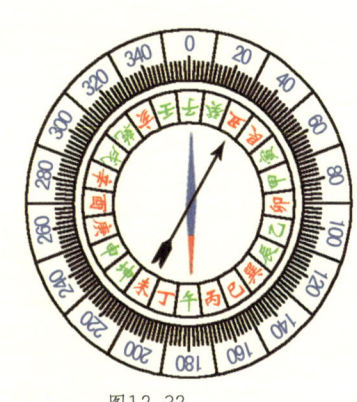

图12-32

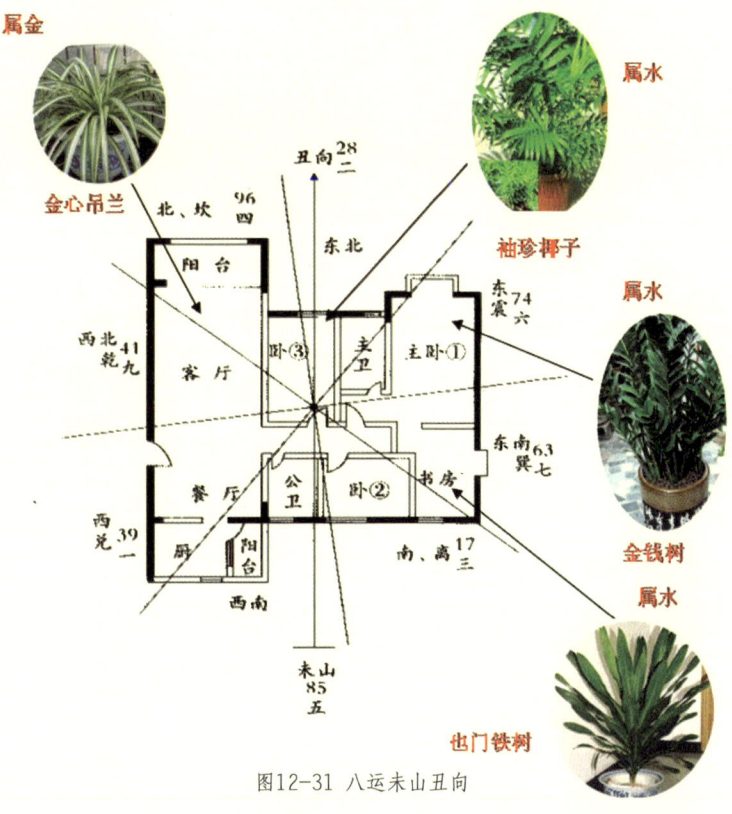

图12-31 八运未山丑向

十七、八运坤山艮向（如图12-33），见指针225°（如图12-34）

评析与兵法旺场

（一）上山下水又反伏吟（玄空术语，为不吉祥之局），凶败之局。如坐空朝满为合法。

（二）卧③、客厅传统方法是设风水轮、风水球，客厅再放鱼缸，可旺财。

（三）主卧①、卧②窗台上放高大树木，以求旺丁。

（四）厨房、餐厅、客厅传统方法是放白水晶球，卧④放"安忍水"，为化煞。

（五）另一种观点认为，此局为父母三般卦（玄空术语，为吉祥之局），为可用之局，但因零正神颠倒，尽量不用为好。

（六）用六种盆景花木组成旺风水花木套餐。

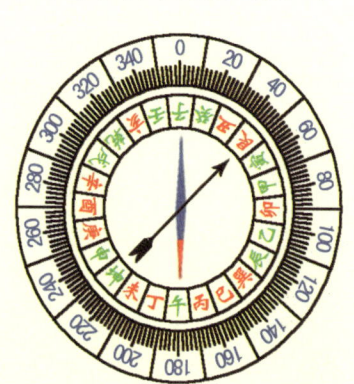

图12-34

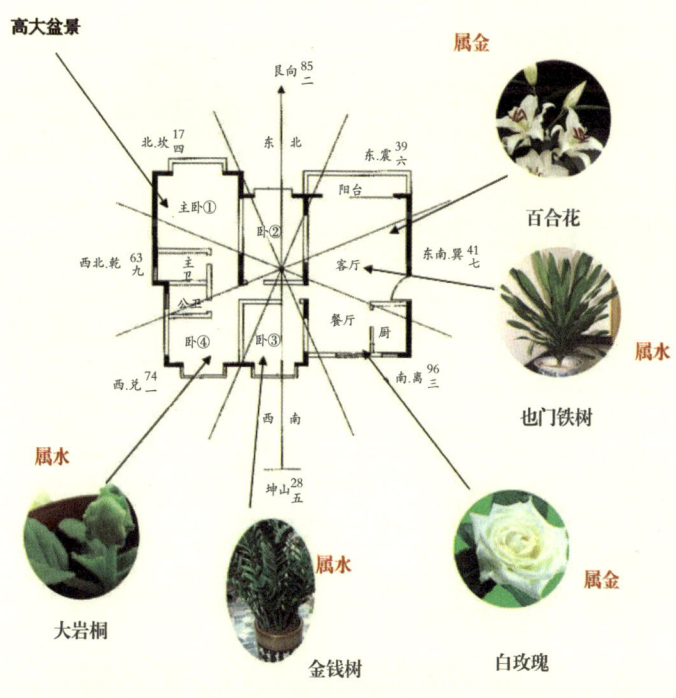

图12-33 八运坤山艮向

十八、八运申山寅向（如图12-35），见指针240° （如图12-36）

评析与兵法旺场

（一）上山下水又反伏吟（玄空术语，为不吉祥之局），与上局坤山艮向星盘相同，但八宫线不同。

（二）催旺化煞与上局类似，但有些区别，见图。

（三）入户门纳六煞气，又生气丁星九紫下水，比上局差。

（四）评价与上局坤山艮向相同。

（五）用三金两水属性的花木以旺场。

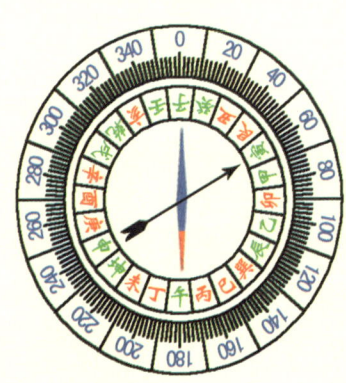

图12-36

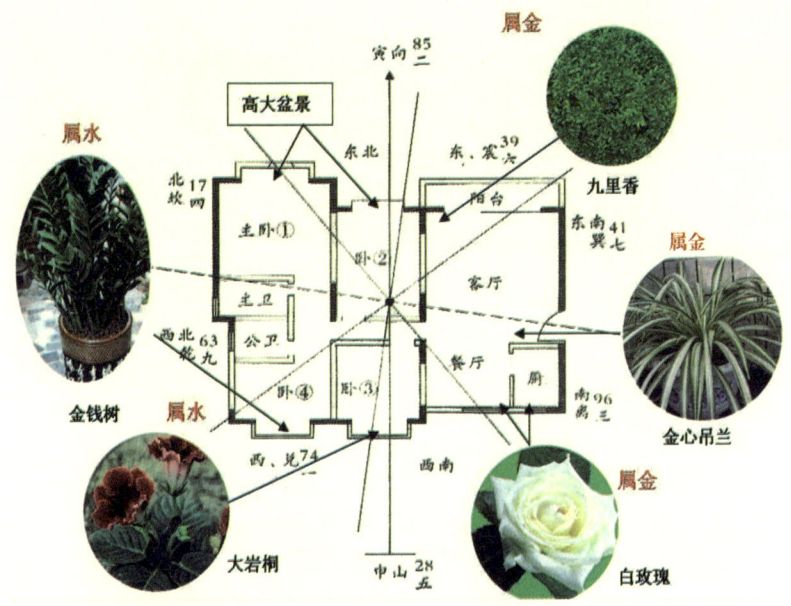

图12-35 八运申山寅向

十九、八运庚山甲向（如图12-37），见指南针255°（如图12-38）

评析与兵法旺场

（一）双星会向，离震乾三方气口均小，"打劫"（聚合好气场的意思）不算成功。

（二）主卧①放属金的植物代替白水晶球，可作旺丁房；卧③为旺财房。

（三）书房、入户门侧放属金的植物代替金蟾，客厅放属火的植物代替紫水晶球，卧②、书房放属金的植物代替白水晶球，均为化煞。

（四）用四金一火组场以五种花木布场旺宅。

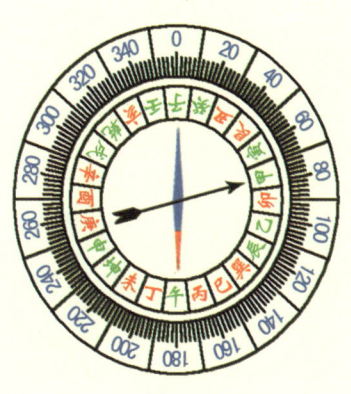

图12-38

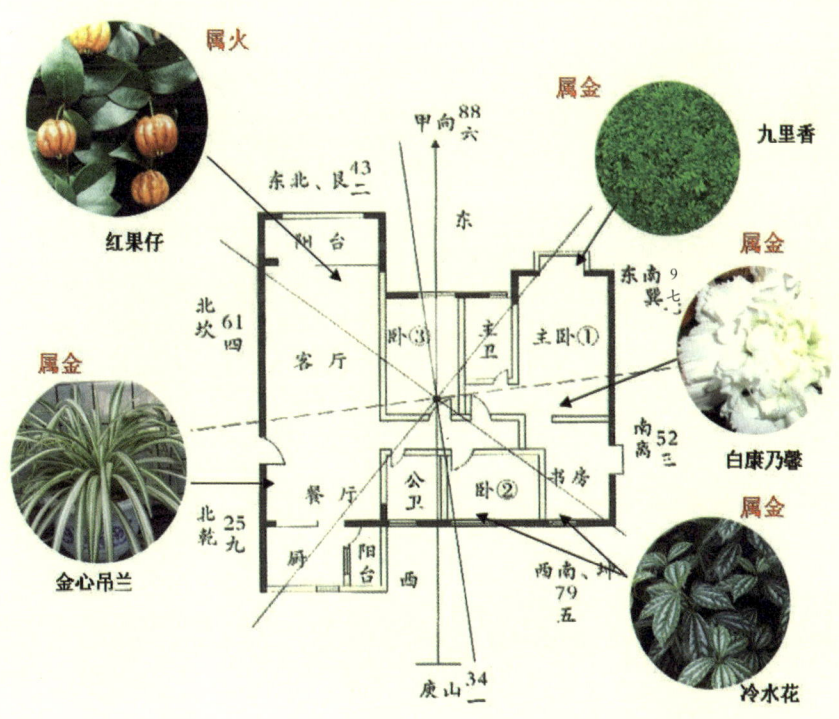

图12-37 八运庚山甲向

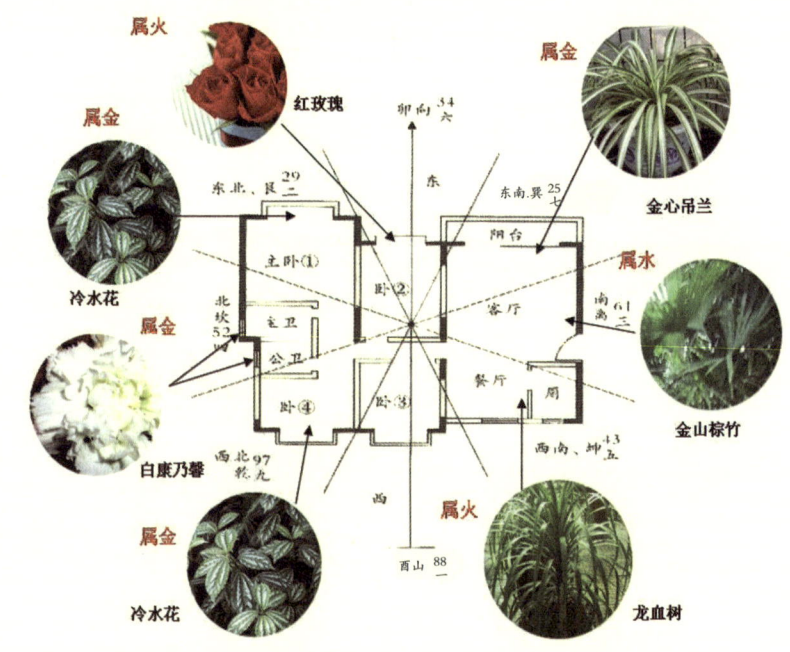

图12-39 八运酉山卯向

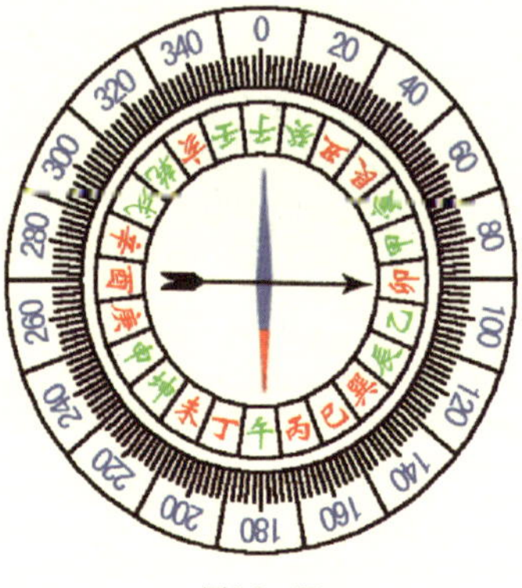

二十、八运酉山卯向（如图12-39），见指针270°（如图12-40）

图12-40

评析与兵法旺场

（一）双星会坐，如坐满朝空，旺丁破财。

（二）卧③可作旺丁房，不用再催旺，卧④放属金的植物代替白水晶球后也可作旺丁房。

（三）主卧①放属金的植物代替白水晶球后可作旺财房，入户门侧放属水的植物代替风水球，既可旺财又可旺官。

（四）客厅、餐厅、厨房最不吉，用两火一水四金花木改场化解（详见上图）。

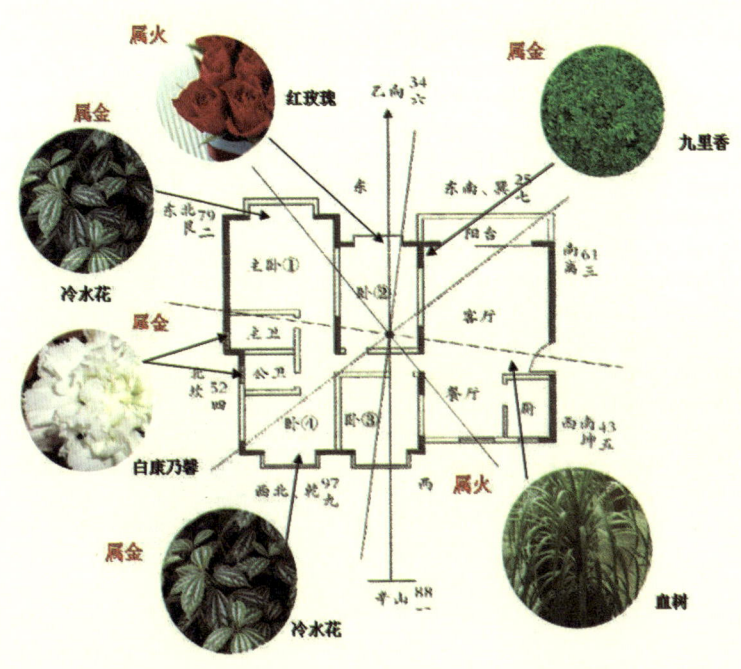

图12-41 八运辛山乙向

二十一、八运辛山乙向（如图12-41），见指针285°（如图12-42）

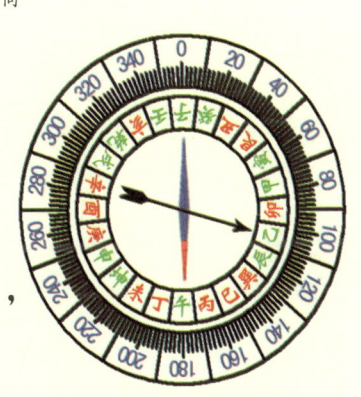

图12-42

评析与兵法旺场

（一）双星会坐，星盘与上局酉山卯向相同，但八宫线不同。

（二）此平面图比上图差，因入户门纳入三碧死气。

（三）催旺化煞与上局类似，见上图。

（四）建议勿选此局。但可用木子兵法改场以调整风水（见图），用两火四金组成花木套餐以旺场。

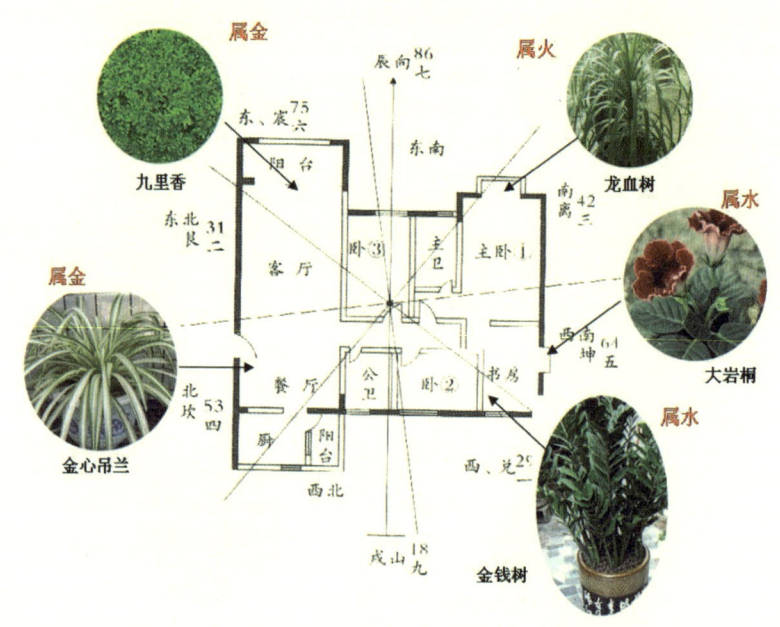

图12-43 八运戌山辰向

二十二、八运戌山辰向（如图12-43），见指针300°（如图12-44）

图12-44

评析与兵法旺场

（一）上山下水，如坐满朝空，损丁破财。

（二）此平面图八白丁星飞到主卫、九紫入囚，无旺丁房；八白财星又飞到公卫，只有书房摆放属水的植物代替风水轮，助起九紫财星。此图财丁皆弱。

（三）化煞植物见上图，木子兵法用一火两金两水花木套餐改场化煞。

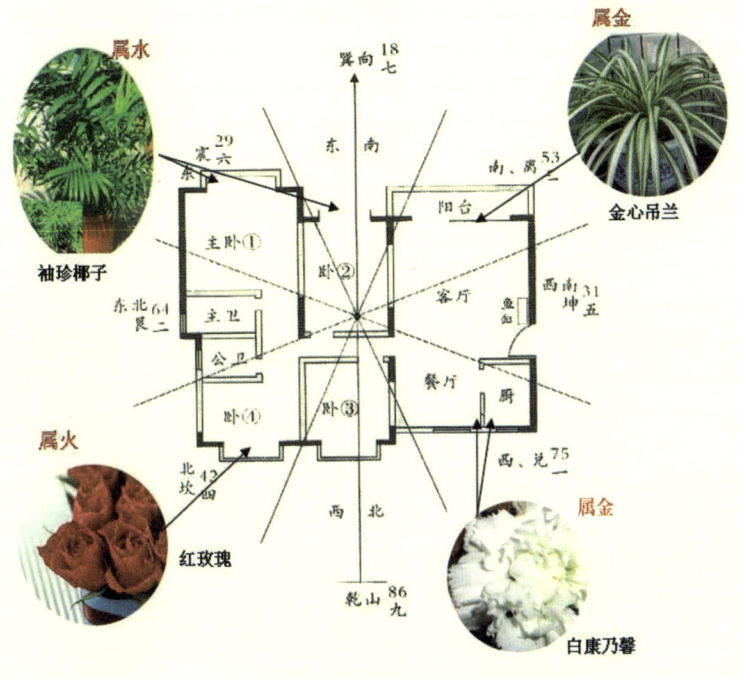

图12-45 八运乾山巽向

二十三、八运乾山巽向（如图12-45），见指针315°（如图12-46）

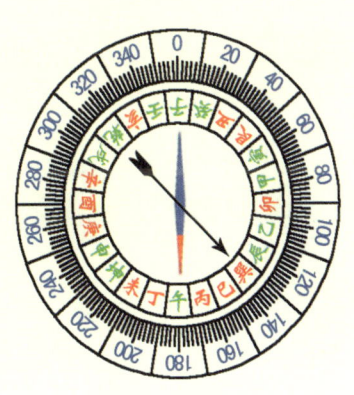

图12-46

评析与兵法旺场

（一）旺山旺向，如坐满朝空，大旺财丁。

（二）卧③为旺丁房，不用催旺已很旺。

（三）卧①、卧②放属水的植物代替风水轮，客厅布鱼缸，8、9、1连珠，大旺财。

（四）客厅、餐厅、厨房各摆一盆属金的植物代替金蟾，卧④放一盆属火的植物代替紫水晶球。

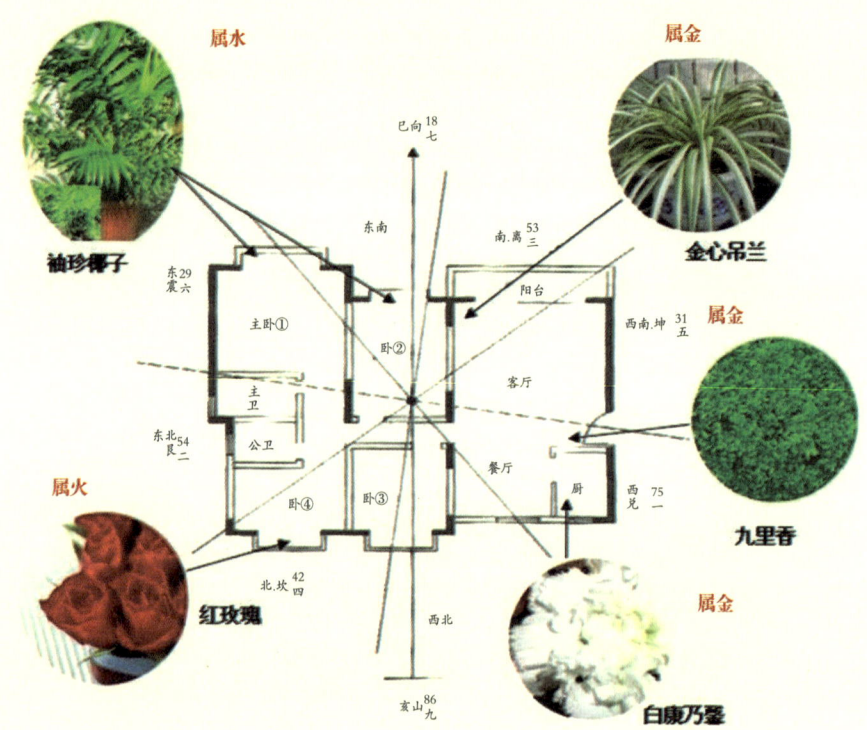

图12-47 八运亥山巳向

二十四、八运亥山巳向（如图12-47），见指针330°（如图12-48）

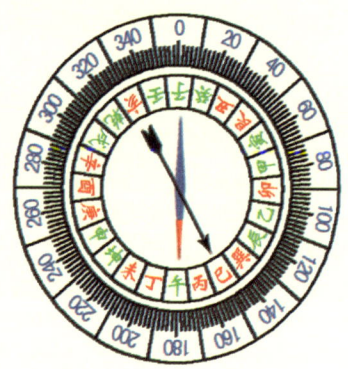

图12-48

评析与兵法旺场

（一）旺山旺向，星盘与上局乾山巽向相同，但八宫线不同。

（二）催旺化煞与上局类似，但此局差很多，主要是：卧③跨了乾、坎两宫，坎宫气场不吉，入户门在庚方纳五黄煞气（为不吉之风水局）为凶。

（三）具体见上图。

木子兵法认为：阳性的花，放在室内缺少阳光雨露，生长不良，必须加以智能灯照，才能保证花木的正常生长，达到家居风水气场的兴旺（见本书下篇——木子兵法之灯饰风水）。

第十三章　木子兵法造新风水

　　用吉祥物来化煞（对待不良的干扰波），乃是风水大师调风水的传统方法，比如三脚金蟾、金龙、貔貅、水晶、"安忍水"、风水轮、金属、玻璃、木头、陶瓷、石头等人造吉祥物是千百年来至灵化煞的玄空法器，但时代在前进，我们不一定要守旧，笔者多年来应用有生命的植物——花草树木来改造风水，建造健康人居，也能带给人类无限的福祉。这是风水的革新，这是时代的进步。愿读者朋友们与时俱进，幸福和谐。

　　下面是推荐给读者朋友参考应用的植物调场方法，也就是用植物来替代传统风水吉祥物对家居进行旺风水的方法，是否灵验？是否有时代进步的实用意义？有待大家求证。

一、三脚金蟾（如图13-1）

　　木子兵法用属土的花木，如黄菊（如图13-2）来代替传统的吉祥物三脚金蟾。居室、办公室摆放位置：西南和东北位。

图13-1 三脚金蟾　　　　　　图13-2 黄菊（菊科）

二、金龙（如图13-3）

木子兵法用属金的花木，如金边吊兰（如图13-4）来代替传统的吉祥物金龙。居室、办公室摆放位置：西和西北。

图13-3 金龙

图13-4 金边吊兰（百合科）

三、貔貅（如图13-5）

木子兵法用属土的花木，如金边虎尾兰（如图13-6）配以属金的花木来代替古老的传统的吉祥物貔貅。居室、办公室摆放位置：西南和东北位。

图13-5 貔貅

图13-6 金边虎尾兰（龙舌兰科）

四、水晶（如图13-7）

天然水晶具有特殊的"压电效应"。无缺陷的水晶单晶经加工成饰品佩戴于人体后，与人体摩擦可以产生微弱的电磁场，这种电磁场具有稳定情绪，促使人体能量集中，减轻病人痛苦和紧张等功能。木子兵法用属土的花木，如金钟花（如图13-8）来代替传统的吉祥物水晶。居室、办公室摆放位置：西南和东北位。

图13-7 水晶

图13-8 金钟花（木犀科）

五、安忍水（如图13-9）

安忍水就是用一个玻璃罐装满粗盐，压实后，轻轻注水盐面，成为一罐饱和碱性溶液，再在上面放6枚五毛钱铜的硬币，硬币的花朵向上，盖子打开。它是利用碱性铜与厨房中的一氧化硫，或者二氧化碳中的酸性分子进行一个化学作用，让它的PH值尽可能缓解到接近7的良好状态，放在室内可以用来化煞，从而减低室内病气的产生。木子兵法用属水的花木，如金钱树（如图13-10）配以属金花木，如百合（如图13-11）来代替传统的吉祥法器安忍水。居室、办公室摆放位置：北位。

图13-9 安忍水

图13-10 金钱树（天南星科）

图13-11 百合（百合科）

六、风水轮（如图13-12）

传统的风水术用不断转动的风水轮，可以达到旺宅生机的目的。木子兵法用属土的花木如斑兜（如图13-13）配以属金的花木如银边铁（如图13-14）来取得的能量来代替传统的吉祥法器风水轮。居室、办公室摆放位置：西南位。

斑兜（露兜树科）是典型的螺旋气场植物，它产生属土的动态气场，可以推动属金的银铁，土生金，达到推动小空间产生能量场效应。

图13-12 风水轮

图13-13 斑兜（露兜树科）

图13-14 银边铁（龙舌兰科）

笔者认为，一个植物的能量场是有限的，但是作为一个群体，储存到一定量的时候，就会产生巨大的能量场。如南海风沙大，解放后历经数十年，用木麻黄筑成一道"绿色长城"，就根本改变了原来不良的生态环境；在北方，建造防沙林，就能把沙漠变成绿洲。我相信，人是万物之灵，植物有至性至灵。人应用植物营造大大小小的生物场，就一定能改变风水，优化人居。

特别提醒朋友们在用木子兵法改变办公室、写字楼、酒楼、企业、居室的风水时，必须采用阴阳五行相配的植物建造优化的生物场。但是因为室内缺乏阳光，植物生长不良，达不到旺场的效果，故此，应该配以高科技的智能灯，营造良好的光照环境。植物在室内智能灯光的照射下利用植物体内叶绿素进行正常的光合作用，吸收室内的二氧化碳，释放出人类维持生命所需要的氧气。在灯加植物的环境下所建立的优化的生物场，才是我们长期所追求的旺宅旺运好风水。

附一

百年出生年干与空间优选速查表

公历纪元	1907	1908	1909	1910	1911	1912	1913	1914	1915	1916	1917	1918	1919	1920	1921	1922	1923
干支	丁未	戊申	己酉	庚戌	辛亥	壬子	癸丑	甲寅	乙卯	丙辰	丁巳	戊辰	己未	庚申	辛酉	壬戌	癸亥
生肖	羊	猴	鸡	狗	猪	鼠	牛	虎	兔	龙	蛇	马	羊	猴	鸡	狗	猪
虚龄	119	118	117	116	115	114	113	112	111	110	109	108	107	106	105	104	103
男	巽	震	坤	坎	离	艮	兑	乾	坤	巽	震	坤	坎	离	兑	乾	坤
女	坤	震	巽	艮	乾	兑	艮	离	坤	坎	震	巽	艮	乾	艮	离	坎
五行	火	土	土	金	金	水	水	木	木	火	火	土	土	金	金	水	水
五运	木	火	土	金	水	木	火	土	金	水	木	火	土	金	水	木	火
胎经定位	肾肝	肺肾	脾肝	肝心	肾脾	脾肺	肾脾	心肾	肾脾	肺心	心肾	肾肝	肺肾	脾肝	肝心	肾脾	心肾
最佳调位	北方	西方西北方	西南东北中央	东方	西南东北中央	南方	北方	西方	南方	西方西北方	北方	西南东北中央	东方东南方	北方	西南东北中央	西方	南方
植物最佳调理	补木	补火	补火	补土	补土	补金	补金	补水	补水	补木	补木	补火	补火	补土	补土	补金	补金
最佳园林色彩	补浅绿色园林	补深红色园林	补浅红色园林	补深黄色园林	补浅黄色园林	补白色园林	补白色园林	补浅色园林	补深绿色园林	补浅绿色园林	补深红色园林	补浅红色园林	补深黄色园林	补浅黄色园林	补白色园林	补白色园林
选用植物例	阴香 竹子 鸭脚木	火焰木 百合 茶花	红花洋紫荆 金心巴西铁 发财树	黄槐 红月季 富贵竹	散尾葵 泽泻 淮山	白兰 金桂 鹰爪	银桂 单桂 金钱树	海南蒲桃 苏铁 黄玫瑰	南洋楹 白莲 红莲	南洋杉 红菊 红莲	阴香 青铁 竹芋	火焰木 吊兰 棕竹	红花洋紫荆 红杏 米兰 兰花	黄槐 含笑 红康乃馨 文竹	散尾葵	白兰	银桂

165

（续表）

公历纪元	1924	1925	1926	1927	1928	1929	1930	1931	1932	1933	1934	1935	1936	1937	1938	1939	1940
干支	甲子	乙丑	丙寅	丁卯	戊辰	己巳	庚午	辛未	壬申	癸酉	甲戌	乙亥	丙子	丁丑	戊寅	己卯	庚辰
生肖	鼠	牛	虎	兔	龙	蛇	马	羊	猴	鸡	狗	猪	鼠	牛	虎	兔	龙
虚龄	102	101	100	99	98	97	96	95	94	93	92	91	90	89	88	87	86
男	巽	震	坤	坎	离	艮	兑	乾	坤	巽	震	坤	坎	离	艮	兑	乾
女	坤	震	巽	艮	乾	兑	艮	离	坎	坤	震	巽	艮	乾	兑	艮	离
五行	木	木	火	火	土	土	金	金	水	水	木	木	火	火	土	土	金
五运	土	金	水	木	火	土	金	水	木	火	土	金	水	木	火	土	金
胎经定位	肾脾	肺心	心肾	肾肝	肺肾	脾肝	肝心	肾脾	脾肺	心肾	肾肝	肺心	心脾	肺肾	肺肝	脾肝	肝心
最佳调位	北方	西方西北方	南方	北方	西方西北方	西南东北中央	东方东南方	北方	西南东北中央	南方	北方	西方西北方	南方	东方东南方	西方西北方	西南东北中央	东方东南方
植物最佳调理	补水	补水	补木	补木	补火	补火	补土	补土	补金	补金	补水	补水	补木	补木	补火	补火	补土
最佳园林色彩	补浅黄色园林	补白色园林	补深绿色园林	补浅绿色园林	补深红色园林	补浅红色园林	补深黄色园林	补白色园林	补白色园林	补黑色园林	补蓝色园林	补深绿色园林	补浅绿色园林	补深红色园林	补浅红色园林	补深黄色园林
选用植物例	海南蒲桃	南洋楹	南洋杉	南洋杉	火焰木	红花洋紫荆	黄槐	散尾葵	白兰	银桂	海南蒲桃	南洋楹	阴香	阴香	火焰木	红花洋紫荆	黄槐

（续表）

公历纪元	1941	1942	1943	1944	1945	1946	1947	1948	1949	1950	1951	1952	1953	1954	1955	1956	1957
干支	辛巳	壬午	癸未	甲申	乙酉	丙戌	丁亥	戊子	己丑	庚辰	辛卯	壬辰	癸巳	甲午	乙未	丙申	丁酉
生肖	蛇	马	羊	猴	鸡	狗	猪	鼠	牛	虎	兔	龙	蛇	马	羊	猴	鸡
虚龄	85	84	83	82	81	80	79	78	77	76	75	74	73	72	71	70	69
男	坤	巽	震	坤	坎	离	艮	兑	乾	坤	巽	震	坤	坎	离	艮	兑
女	坎	坤	震	巽	艮	乾	兑	艮	离	坎	坤	震	巽	艮	乾	兑	艮
五行	金	水	水	木	木	火	火	土	土	金	金	水	水	木	木	火	火
五运	水	木	火	土	金	水	木	火	土	金	水	木	火	土	金	水	木
胎经定位	肾脾	脾肺	心肾	肺肾	肾脾	脾心	心肾	肾肝	肝肾	脾肝	肝心	肾脾	脾肺	心肾	肾脾	肺心	心肾	肾肝
最佳调位	北方	西南东北中央	南方	北方	西方西北方	南方	北方	西方西北方	西南东北中央	东方东南方	北方	西南东北中央	南方	北方	西方西北方	南方	北方
植物最佳调理	补土	补金	补金	补水	补木	补木	补火	补火	补土	补金	补金	补水	补水	补木	补木
最佳园林色彩	补浅黄色园林	补白色园林	补白色园林	补浅黄色园林	补深绿色园林	补浅红色园林	补深红色园林	补浅黄色园林	补深黄色园林	补浅白色园林	补白色园林	补黑色园林	补白色园林	补深绿色园林	补浅绿色园林
选用植物例	散尾葵	白兰	银桂	海南蒲桃	南洋楹	南洋杉	阴香	火焰木	红花洋紫荆	黄槐	散尾葵	白兰	银桂	海南蒲桃	南洋楹	南洋杉	阴香

（续表）

公历纪元	1958	1959	1960	1961	1962	1963	1964	1965	1966	1967	1968	1969	1970	1971	1972	1973	1974
干支	戊戌	乙亥	庚子	辛丑	壬寅	癸卯	甲辰	乙巳	丙午	丁未	戊申	乙酉	庚戌	辛亥	壬子	癸丑	甲寅
生肖	狗	猪	鼠	牛	虎	兔	龙	蛇	马	羊	猴	鸡	狗	猪	鼠	牛	虎
虚龄	68	67	66	65	64	63	62	61	60	59	58	57	56	55	54	53	52
男	乾	坤	巽	震	坤	坎	离	艮	兑	乾	坤	巽	震	坤	坎	离	艮
女	离	坎	坤	震	巽	艮	乾	兑	艮	离	坎	坤	震	巽	艮	乾	兑
五行	土	土	金	金	水	水	木	木	火	火	土	土	金	金	水	水	木
五运	火	土	金	水	木	火	土	金	水	木	火	土	金	水	木	火	土
胎经定位	肺肾	脾肝	肝心	肾脾	脾肺	心肾	脾心	心肾	肾肝	脾肝	肝心	肾脾	脾肺	心肾	肾脾
最佳调位	西方西北方	西南东北中央	东方东南方	北方	西南东北中央	南方	西方西北方	南方	北方	西方西北方	西南东北中央	东方东南方	北方	西南东北中央	南方	北方
植物最佳调理	补火	补火	补土	补土	补金	补金	补水	补水	补木	补木	补火	补火	补土	补土	补金	补金	补水
最佳园林色彩	补深红色园林	补浅红色园林	补深黄色园林	补浅黄色园林	补白色园林	补白色园林	补浅白色园林	补深白色园林	补深绿色园林	补浅绿色园林	补深红色园林	补深红色园林	补深黄色园林	补浅黄色园林	补白色园林	补白色园林	补浅黄色园林
选用植物例	火焰木	红花洋紫荆	黄槐	散尾葵	白兰	银桂	海南蒲桃	南洋楹	南洋杉	阴香	火焰木	红花洋紫荆	黄槐	散尾葵	白兰	银桂	海南蒲桃

（续表）

公历纪元	1975	1976	1977	1978	1979	1980	1981	1982	1983	1984	1985	1986	1987	1988	1989	1990	1991
干支	乙卯	丙辰	丁巳	戊午	己未	庚申	辛酉	壬戌	癸亥	甲子	乙丑	丙寅	丁卯	戊辰	己巳	庚午	辛未
生肖	兔	龙	蛇	马	羊	猴	鸡	狗	猪	鼠	牛	虎	兔	龙	蛇	马	羊
虚龄	51	50	49	48	47	46	45	44	43	42	41	40	39	38	37	36	35
男	兑	乾	坤	巽	震	坤	坎	离	艮	兑	乾	坤	巽	震	坤	坎	离
女	艮	离	坎	坤	震	巽	艮	乾	兑	艮	离	坎	坤	震	巽	艮	乾
五行	木	火	火	土	土	金	金	水	水	木	木	火	火	土	土	金	金
五运	金	水	木	火	土	金	水	木	火	土	金	水	木	火	土	金	水
胎经定位	肺心	心肾	肾肝	肺肾	脾肝	肝心	肾脾	脾肺	心肾	肾脾	肺心	脾肝	肝心	肾脾			
最佳调位	西方西北方	南方	北方	西方西北方	西南东北中央	东方东南方	西南东北中央	南方	北方	西方西北方	南方	北方	西方西北方	西南东北中央	西南东北中央	东方东南方	北方
植物最佳调理	补水	补木	补木	补火	补火	补土	补土	补金	补金	补水	补水	补木	补木	补火	补火	补土	补土
最佳园林色彩	补白色园林	补深绿色园林	补浅绿色园林	补深红色园林	补浅黄色园林	补深黄色园林	补白色园林	补白色园林	补深绿色园林	补白色园林	补深绿色园林	补浅绿色园林	补深红色园林	补浅黄色园林	补深黄色园林	补白色园林	补浅黄色园林
选用植物例	南楹	洋杉	南洋杉	阴香	火焰木	红花洋紫荆	黄槐	散尾葵	白兰	银桂	海南蒲桃	南洋楹	南洋杉	阴香	火焰木	红花洋紫荆	黄槐	散尾葵

（续表）

公历纪元	1992	1993	1994	1995	1996	1997	1998	1999	2000	2001	2002	2003	2004	2005	2006	2007	2008
干支	壬申	癸酉	甲戌	乙亥	丙子	丁丑	戊寅	己卯	庚辰	辛巳	壬午	癸未	甲申	乙酉	丙戌	丁亥	戊子
生肖	猴	鸡	狗	猪	鼠	牛	虎	兔	龙	蛇	马	羊	猴	鸡	狗	猪	鼠
虚龄	34	33	32	31	30	29	28	27	26	25	24	23	22	21	20	19	18
男	艮	兑	乾	坤	巽	震	坤	坎	离	艮	兑	乾	坤	巽	震	坤	坎
女	兑	艮	离	坎	坤	震	巽	艮	乾	兑	艮	离	坎	坤	震	巽	艮
五行	水	水	木	木	火	火	土	土	金	金	水	水	木	木	木	土	水
五运	木	火	土	金	水	木	火	土	金	水	木	火	土	金	木	木	土
胎经定位	脾肺	心肾	肾脾	肺心	心肾	肾肝	肺肾	脾肝	肝心	肾脾	脾肺	心肾	肾脾	肺心	肺肾	脾肝
最佳调位	西南东北中央	南方	西方北方	南方	西方北方	西方西北方	西南东北中央	东方东南方	北方	西南东北中央	南方	北方	西方西北方	南方	北方	西方西北方
植物最佳调理	补金	补金	补水	补水	补木	补火	补火	补土	补土	补金	补金	补水	补水	补水	补火	补金
最佳园林色彩	补白色园林	补白色园林	补浅黄色园林	补白色园林	补深绿色园林	补浅红色园林	补深红色园林	补深黄色园林	补浅黄色园林	补白色园林	补白色园林	补浅黄色园林	补浅黄色园林	补深绿色园林	补深红色园林	补浅红色园林
选用植物例	白兰	银桂	海南蒲桃	南洋楹	南洋杉	阴香	火焰木	红花洋紫荆	黄槐	散尾葵	白兰	银桂	海南蒲桃	南洋楹	银桂	海南蒲桃	南洋楹

附二：作者曾主持和参与的部分园林项目

广东省立中山图书馆　　　　　　香港穗南绿化苗木基地
佛山名雅花园住宅小区　　　　　广东省吉山物资（301）仓库
肇庆七星岩《古亭世界》　　　　广州元岗村、永泰村
海南猴子实验基地规划　　　　　海南红色娘子军旅游基地
海南花卉基地规划　　　　　　　高要宝莲寺
新兴国恩寺碑林　　　　　　　　深圳凤凰山寺规划
禅宗六祖故居　　　　　　　　　新兴龙山文化景区
广西容县真武阁　　　　　　　　广州大学绿化设计
肇庆学院（西江大学）　　　　　广州大学城环境建设咨询
广州市七十五中学　　　　　　　培英中学
南海丹灶镇第二小学　　　　　　省农业厅大院绿化规划咨询
省林业勘测设计院大院　　　　　番禺广昌公司
广州市二轻疗养院设计与施工　　高盛集团美居中心
深圳蛇口电讯公司　　　　　　　岭南综合勘察设计院（旧院）
广西玉林市政府选址　　　　　　深圳市计量所大院
茂名市政府大院　　　　　　　　广东省军区大院
云浮市政府大院　　　　　　　　佛山环市镇政府大院
南海务庄政府办公大院　　　　　江西崇义县政府选址
湛江龙潮村环境规划　　　　　　西安爱丽丝公司
肇庆市万亚科技公司　　　　　　广东省军区油库
罗浮山某师油库　　　　　　　　珠海唐家油库
湛江何强文武学院选址　　　　　东莞市主干公路绿化
开平110指挥中心绿化　　　　　广东省军区政治部招待所
海军421医院　　　　　　　　　高要市医院
花都炮兵旅某部励志园　　　　　花都花山广场

高要（香港）老人院	天河软件园配套住宅小区
明园（广州军区干部培训中心）	惠州金裕公寓
增城正果、东莞横坑墓园	南海长青、肇庆常青仙乐园
广州立德粉厂	九届全运会黄村体育基地
广西玉林国防培训基地	广西柳州电台大院
深圳福田内伶仃红树林保护区	深圳国际机场
深圳布吉月牙岭公园	黄龙湖森林公园——植物不迷宫
深圳竹子林幼儿园	东莞嘉多利山庄
从化太平飞鹅岭生态果园规划	南海雷岗公园
南海黎涌生态园	'99世博会广东馆与粤晖园筹建
恩平锦江温泉——植物不迷宫（筹建）	广东省林业厅种苗圃
珠海石景山旅游中心	陆河火仙（山）峰森林公园
深圳梧桐山国家森林公园	广州火炉山森林公园
南岭国家森林公园	三水侨鑫生态园
南澳海岛国家森林公园	广州凤凰山森林公园

附三：作者顾问公司河南名品彩叶苗木股份有限公司简介

河南名品彩叶苗木股份有限公司，是一家集生产、经营、科研、园林绿化为一体的股份制公司，注册资金6871.1万元，有苗圃基地近6000亩，是目前我国面积最大、树种最多、品种最全、质量最优的彩叶苗木生产基地之一。公司基地被驻马店市政府规划为"遂平名品花木产业化集群"，被省政府规划为"遂平县彩叶苗木产业化集群"，被评为"全国十佳苗圃""十佳园林苗木企业"。2015年7月挂牌全国中小企业股份转让系统（新三板）。

公司创立有"名品彩叶"品牌，拥有花木自主进出口权。产品销往全国各地及部分国家和地区，并与韩国、日本、美国、比利时、西班牙等国家的客户建立了长期稳定的合作关系。

公司坚持以科技为导向，广泛吸纳技术人才，拥有一支技术精湛的专业技术队伍，组建有驻马店市彩叶花木工程技术研究中心，着重彩叶苗木品种的新颖性和特异性研究，不断开展引种驯化和培育彩叶苗木新品种，推进科技成果转化和新品种、新技术的推广应用。拥有一批具有自主知识产权的彩叶苗木新品种，目前已研发培育出彩叶苗木新品种、良种38个，其中黄金刺槐、朱羽合欢等10个品种已获得国家植物新品种权证书，蓝冰柏、金叶复叶槭等20个品种获得河南省林木良种证书（详见李德雄《木经》系列丛书之五377页）。

公司地址：河南省驻马店市遂平县西关大道北段国际商城三楼
销售热线：13503961593　电话：0396-4922068
公司网站：www.hn-tree.com　全国免费销售热线：400-6986-863

后记

谨以《木经》系列丛书献给培养我成长今已百岁高龄的慈母——陈慧卿,还要感谢已仙逝的两位恩师——著名的林学家沈鹏飞院长和118岁的旷世奇僧释素真大和尚。

前三本书《植物密码——李氏绿色兵法》《植物风水》《人居花木风水》问世后,深得广大读者的欣赏,我欲罢不能,愿意和大家进一步来探讨木子兵法的奇趣。《花木旺人生》是我的《木经》系列丛书其中的一本,主要和大家讨论家居植物场的优化问题。

笔者的《木经》系列丛书——《植物密码》《植物风水》《人居花木风水》以及本书《花木旺人生》,还有即将出版的《木经》《园林堪舆学》等,是笔者五十多年从事风水科学堪舆、林业规划、园林设计、生态环境优化、建造和谐人居、精神文明建设、优化中国人的心理素质的生物场建造依据的实践总结。

李时珍的《本草纲目》是一本伟大的书,是古人给我们炎黄子孙留下的宝贵财产,但李时珍的时代没有高科技,所以《本草纲目》没有把花草树木分出五行,更没有涉及建造植物的生物场去抵抗日益恶化的环境污染,用植物的群体力量去调风水,用植物的精气、灵气给人冶心治病,也没有以植物为兵,排兵布阵,建立和谐的氛围,提高国人的心理素质,去降低危害社会的犯罪率。我们不应以此遗憾来责怪古人。现代人不应吃祖先的老本,应有所创新,我以此来自励,在五十年环境优化设计实践中,创立了木子兵法,有人认为是前无古人,我不敢妄自尊大,这只不过是站在前人的肩膀上,走上了一条独具一格的新路。望李时珍等先哲在天之灵佑护我们取得更大的进步、更大的研究成果。

期望这本《花木旺人生》对读者们购房、购车、婚姻、读书求学、置业装修、宠养以及风水调运调场、激发智慧潜能等均有所益,为朋友们的辉煌人生再添助力。

感谢对本书进行校对的殷伟、林海、陈晓波、植宏、蓝志勇等各位同志。

李德雄

丙申年(2016)秋重修于广州《慧堂》

参考文献

陈志刚. 读解天书——人类基因组. 企业管理出版社，2000年版。

胡江. 螺旋纹密码. 中国友谊出版社，2003年版。

新编十万个为什么编写组. 新编十万个为什么. 延边人民出版社。

祁乃成. 少年植物学. 科学普及出版社，1998年版。

张惠民. 中国风水应用学. 人民中国出版社，1993年版。

刘沛霖. 风水中国人的环境观. 上海三联书店，1995年版。

吴昭谦，郑学信. 地与人. 安徽科学技术出版社，2000年版。

莱斯利•布伦尼斯. 药用植物. 中国友谊出版公司，2000年版。

薛聪贤. 景观植物实用图鉴. 北京科学技术出版社，2003年版。

李敏. 世纪辉煌粤晖园. 海潮摄影艺术出版社，2000年版。

王发祥等. 深圳园林植物. 中国林业出版社，1998年版。

王意成. 家庭花卉精品. 江苏科学技术出版社，1999年版。

裘树平. 不知道的世界•植物篇. 中国少年儿童出版社，1999年版。

熊济华，唐岱. 藤蔓花卉. 中国林业出版社，2000年版。

梁星权. 广东省自然保护区. 广东旅游出版社，1997年版。

黄智明. 家庭养花. 广东科技出版社，2000年版。

李少林. 世界真奇妙. 中国戏剧出版社，2003年版。

刘志武. 广州岭南花园住宅区生态绿地规划的研究. 华南理工大学出版社，2002年版。

黄智明. 珍奇花卉栽培. 广东科技出版社，2000年版。

国家城市建设总局. 中国盆景艺术。

周瘦鹃. 花木丛中。

梁超. 玄空风水学。

练力华. 玄空住宅环境学. 2006年版。

宋韶光. 家居好风水。

邵伟华. 周易与预测学。